AF381279

Robert Sturm

Partikeldeposition in der Kinderlunge

Theoretische Modellrechnungen zur Teilchenablagerung in präadulten Luftwegen

© 2019 Robert Sturm
Herstellung und Verlag: BoD – Books on Demand, Norderstedt
ISBN: 978-3-7504-2456-2

Vorwort

Die Inhalation und intrapulmonale Deposition von Teilchen der Umgebungsluft stellen seit etlichen Jahrzehnten ein prioritäres Forschungsgebiet der medizinischen Physik dar. Bereits in den 1960er Jahren wurden Lungenmodelle entwickelt, welche als Grundlage für entsprechende Berechnungen der Teilchenablagerung in verschiedenen Regionen des respiratorischen Systems dienten. In der Folgezeit erfuhren sowohl die Approximationen der Lungenstruktur als auch die darauf basierenden theoretischen Prädiktionen von Teilchentransport und -deposition eine kontinuierliche Weiterentwicklung. Moderne mathematische Modellansätze verfügen mittlerweile über eine hohe Vorhersagegenauigkeit, wodurch sie in der Lungenmedizin zunehmendes Interesse erwecken. Computersimulationen der Partikelablagerung werden nicht selten zur Entwicklung neuer pneumologischer Versuchsserien oder zur Optimierung von Inhalationstherapien herangezogen, da sie innerhalb kürzester Zeit ein breites Spektrum an Ergebnissen liefern und es dazu keines höheren Kostenaufwandes bedarf.

In den vergangenen zwei Jahrzehnten konzentrierte sich die medizinische Forschung vermehrt auf die Ablagerung verschiedenster atmosphärischer Teilchen in der Kinderlunge. Diese Verschiebung der Priorität basierte unter anderem auf dem Umstand, dass Kinder oftmals in erhöhtem Maße unterschiedlichen Umwelteinflüssen ausgesetzt sind. Zudem sind bei jungen Menschen noch keine bewussten Strategien zur Vermeidung einer übermäßigen Teilchenexposition entwickelt. All diese Dinge können letztendlich dazu führen, dass Kinder höhere Aerosolkonzentration in den Körper aufnehmen als Erwachsene, wodurch wiederum die Risiken für verschiedene Lungenkrankheiten ansteigen.

Um ein möglichst detailliertes Bild des aerodynamischen Verhaltens inhalierter Partikel im respiratorischen Trakt junger Probanden zu erhalten, sind neben dem experimentellen Ansatz, der sich bei Kindern niedrigen und mittleren Alters oftmals problematisch gestaltet, auch entsprechende Rechenmodelle heranzuziehen. Wie im vorliegenden Buch gezeigt werden soll, können derartige theoretische Näherungen wichtige Aussagen liefern, die dann in weiterer Folge ihren Eingang in die Abschätzung der Gesundheitsrisiken verschiedener Teilchen der Umgebungsluft finden.

Robert Sturm

Inhalt

Inhalt

1

Einleitung – Gestalt und Größe der Lunge

1.1 Anatomie und Histologie der menschlichen Lunge

Die wesentliche Funktion der Lunge besteht im Austausch der Atemgase Sauerstoff (O_2) und Kohlendioxid (CO_2). Der im respiratorischen Trakt stattfindende Gasaustausch wird im Allgemeinen auch als „äußere Atmung" bezeichnet und von der „inneren Atmung" unterschieden, welche den O_2-Verbrauch und die CO_2-Bildung in den einzelnen Zellen des Körpers umfasst. Der Gasaustausch findet in den luftgefüllten Lungenalveolen statt und repräsentiert einen diffusiven Prozess, bei dem die einzelnen Gasmoleküle eine ungefähr 2 μm mächtige Gewebeschranke (Blut-Luft-Schranke) zu überwinden haben. Die für den alveolären Gastransport benötigte Luft wird über das konvektive System der Luftwege zu den entsprechenden Zielorten befördert (Abb. 1) [1-16].

Grundsätzlich handelt es sich bei der Lunge um ein paarig angelegtes Organ innerhalb des Thorax, welches sich in linken und rechten Lungenflügel gliedert. Die beiden Lungenflügel setzen sich in der Hauptsache aus Luftwegen, Lungenbläschen und Blutgefäßen zusammen und werden durch das Media-

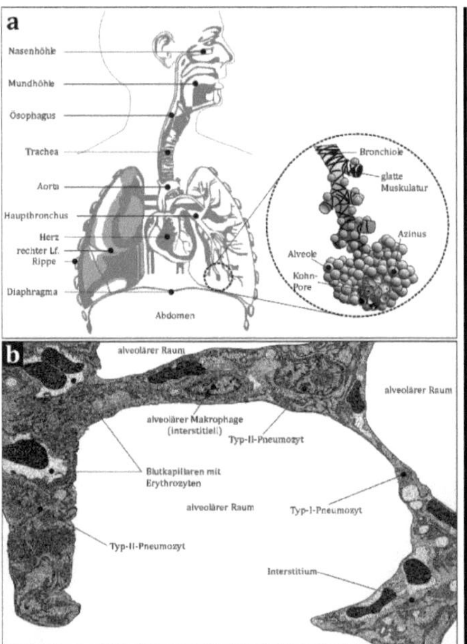

A1

(a) Generelle Organisation des menschlichen Respirationstraktes mit Luftleitungs-, Gasaustausch- und Blutgefäßsystem. Einzelne Alveolen können einen geringfügigen Luftaustausch über die sogenannten Kohn'schen Poren durchführen. Glatte Muskulatur bewirkt eine zeitweise Konstriktion von Bronchien und Bronchiolen.

(b) Anatomie des alveolären Kompartiments mit Typ-I- und Typ-II-Pneumozyten, Blutkapillaren und dem aus Bindegewebe bestehenden Interstitium [17].

stinum getrennt. Die linke Lungenhälfte verfügt insgesamt über zwei äußerlich abgrenzbare Lappen, wohingegen die rechte Lungenhälfte insgesamt drei derartige Lappen enthält. Jeder Lungenlappen teilt sich in weiterer Folge in Lungensegmente, 1 bis 2 cm große Lungenläppchen und zuletzt noch 1 bis 2 mm große Lungenazini auf [1-3, 18].

Die innerhalb der spaltförmigen Pleurahöhle eingeschlossene Lunge ist zur Bewegung befähigt und enthält im medialen Bereich den sogenannten Gewebestiel (Hilus), der Hauptbronchien, Lungenarterien und -venen sowie Lymphgefäße und vegetative Nerven umfasst (Abb. 1). Bei den zum Transport der inhalierten Luft dienenden Atemwegen können extrathorakale Strukturen von thorakalen unterschieden werden, wobei die Luftröhre (Trachea) als Bindeglied zwischen Kopf- und Brustbereich fungiert. In Hinblick auf ihre Funktion lässt sich die Lunge in drei Kompartimente – lufterfüllte Strukturen (Bronchien, Alveolen), Blutgefäße und Bindegewebe – unterteilen, wobei die tubulären Systeme (Luft- und Blutgefäße) in das Bindegewebe eingebettet sind [2, 3, 18]. Die Epithelien der Atemwege und Alveolen definieren das sogenannte Lungenparenchym, wohingegen das in den Alveolarsepten und bronchialen Wänden vorhandene Bindegewebe als Stroma bezeichnet wird. Dieses enthält zahlreiche elastische Fasern, die bei der Einatmung der Luft gedehnt werden und beim Ausatmungsprozess helfen, das Lungenvolumen zu verkleinern und die Luft wieder aus der Lunge hinauszubefördern [3, 18].

1.1.1 Anatomie und Histologie der extrathorakalen Atemwege

Die extrathorakalen luftleitenden Strukturen des respiratorischen Traktes umfassen nasale Luftwege, Mundhöhle, Pharynx, Larynx, Kehlkopfdeckel und Trachea. Jene über die Nasenlöcher aufgenommene Atemluft erfährt zur Anpassung an die bronchialen Bedingungen eine kontinuierliche Erhöhung ihrer Temperatur und Feuchtigkeit. Zudem wird feines partikuläres Material durch die direkt hinter den Nasenöffnungen befindlichen Härchen ausgefiltert, wodurch die inhalierte Luft einer Vorreinigung unterliegt. Die Nasenhöhle wird durch das knorpelige nasale Septum in zwei Hälften unterteilt. Der innerhalb des Schädels positionierte nasale Hohlraum ist allseitig von knöchernen Strukturen umgeben, wobei entsprechende sinusförmige Fortsätze letztlich dafür sorgen, dass die Atemluft sehr schmale Passagen zu überwinden hat (Abb. 2) [18-22].

Der apikale Bereich der Nasenhöhle wird von der olfaktorischen Schleimhaut mit ihren Geruchsrezeptoren bedeckt. Das Epithel der Schleimhaut setzt sich vornehmlich aus Mukus transportierenden Flimmerzellen und Drüsenzellen zusammen, wohingegen in den darunterliegenden Zellschichten zahlreiche seromuköse Drüsen platziert sind, deren Sekret als Auffangmedium für inhalierte Teilchen und zur Befeuchtung der Atemluft dient. Die Nasenhöhle wird von den Nasennebenhöhlen (Sinus paranasales) und Tränenkanälen begleitet, die über kleine Öffnungen in den zentralen Hohlraum einmünden. Die Nebenhöhlen tragen in gewisser Weise zur Konditionierung der Inhalationsluft bei, indem sie als Isolator wirken. Zudem ergänzen sie den Nasenschleim durch die Produktion zusätzlicher Sekrete. Die Tränenkanäle dienen in erster Linie der Ableitung überschüssiger Flüssigkeit [1-3].

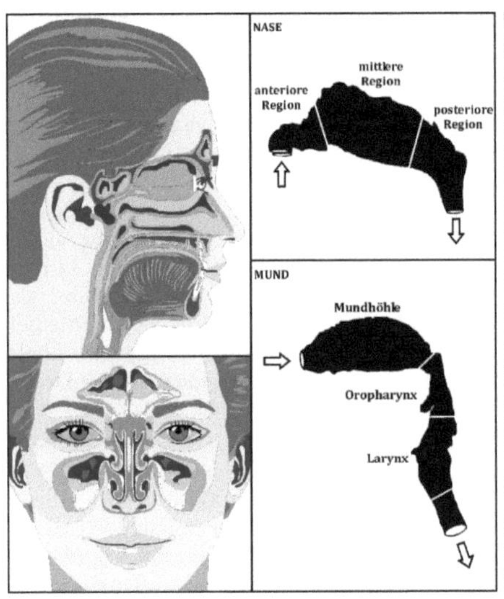

A2

Form und Anatomie der extrathorakalen Atemwege. Die Nasenhöhle wird durch ein medianes Septum in zwei Hälften unterteilt und bietet der durchströmenden Luft infolge komplexer Knochenstrukturen nur sehr begrenzten Raum. Die Mundhöhle ist zwar wesentlich einfacher gestaltet, erfährt aber durch die Zunge eine deutliche Volumenreduktion [16].

Die Atmung durch den Mund tritt vor allem dann in Kraft, wenn eine erhöhte körperliche Belastung (schwere Arbeit) vorliegt oder die nasale Passage durch eine Obstruktion beeinträchtigt ist. Der Mund setzt sich im Allgemeinen aus dem schmalen, für eingeatmete Teilchen schwerer passierbaren Vorhof und der eigentlichen Mundhöhle zusammen, die ihrerseits über den oropharyngealen Isthmus mit dem nachfolgenden Pharynx in Verbindung steht. Nach oben hin wird die Mundhöhle durch das Palatum (Gaumen) abgegrenzt, wohingegen der anteriore Bereich der Zunge als basale Grenze fungiert. Die Oberfläche des oralen Hohlraums wird durch ein mehrschichtiges, größtenteils unverhorntes Plattenepithel definiert, unter welchem sich feines Bindegewebe mit zahlreichen freien Zellen erstreckt. Die hauptsächlich im Wangen- und Lippenbereich befindliche Schleimhaut ist mit einer aus den Speicheldrüsen abgesonderten Mukusschicht bedeckt und verfügt über ein dichtes Netz an Nerven, feinen Blutgefäßen (Kapillaren) und Lymphbahnen [2, 3, 18].

Der Pharynx repräsentiert jenen direkt hinter Nasenhöhle und Mund beziehungsweise Larynx positionierten Atemweg und lässt sich anatomisch in den Naso- und Oropharynx untergliedern. Konkret handelt es sich hierbei um eine mit Muskelmembran umschlossene Röhre, welche bei adulten Probanden eine Länge von 12 bis 14 cm und einen Durchmesser von 1,5 bis 3,5 cm aufweist. Der Nasopharynx ist für gewöhnlich nicht zur vollständigen Obstruktion befähigt und enthält zudem Mündungen der Gehörgänge, wodurch eine Kommunikation mit dem Mittelohr erfolgen kann. Der Oropharynx erstreckt sich vom weichen Teil des Palatum bis zum Kehlkopfdeckel (Epiglottis) und mündet auf anteriorer Seite direkt in die Mundhöhle [18].

Das vornehmlich durch Flimmerzellen gekennzeichnete und mit Mukus bedeckte Epithel der Nasenhöhle findet im Nasopharynx seine weitgehende Fortsetzung. An jenen Stellen, wo der Nasopharynx mit Oropharynx beziehungsweise Larynx zusammentrifft, wird die Schleimhaut durch ein einfaches Plattenepithel unterbrochen. Die pharyngeale Mukosa zeigt im Vergleich zur nasalen Schleimhaut eine deutliche Reduktion ihrer Dicke und ruht darüber hinaus direkt auf der Skelettmuskulatur, wobei eine fibroelastische Lage als Trennschicht zwischen den beiden Gewebetypen fungiert. Der Pharynx ist in großen Teilen von einer dünnen Schleimschicht bedeckt, die über erhöhte Viskosität verfügt und in subepithelialen Drüsen gebildet wird [2, 3, 18].

Der Kehlkopf (Larynx) funktioniert nicht nur als Luftpassage, sondern auch als Schließmuskel (Sphinkter) und als maßgebliche Struktur für die Phonation. Er enthält die Stimmbänder, welche den Atemweg zu einem schmalen Schlitz reduzieren. Hier werden jene Nahrungspartikel, welche unabsichtlich Zugang zum Larynx erhalten haben, an ihrem Eintritt in die Luftröhre gehindert. Der Kehlkopf wird teilweise durch Plattenepithel, teilweise aber auch durch Schleimhaut von jenem Typ, der in Nasenhöhle und Lunge auftritt, bedeckt [18].

Der Kehlkopf erstreckt sich vom Oropharynx beziehungsweise von der Oberseite der Epiglottis bis zur Luftröhre. Er wird lateral und anterior von den unterschiedlichen Lappen der Schilddrüse eingehüllt und variiert in seiner Länge zwischen 36 und 44 mm und in seinem Durchmesser zwischen 26 und 36 mm (Erwachsene). Der Kehlkopfdeckel, welcher den Larynx bedeckt, schützt die unteren Luftwege während des Schluckvorganges und sorgt dafür, das aufgenommene Nahrung in die Speiseröhre, inhalierte Atemluft dagegen in die Luftröhre transferiert wird [1-3, 16].

Die Luftröhre (Trachea) repräsentiert eine ungefähr 12 cm lange Knorpelspange, welche in ihrem Inneren mit einer mehrschichtigen Membran bedeckt ist. Sie erstreckt sich von der Basis des Kehlkopfes bis zur sogenannten Carina, wo sie sich schlussendlich in die beiden Hauptbronchien aufgliedert, die ihrerseits in die jeweiligen Lungenflügel führen (Abb. 3). Beim erwachsenen Mann beträgt der externe Durchmesser der Luftröhre ungefähr 2 cm, bei der ausgewachsenen Frau hingegen ein bisschen weniger. Während der kindlichen und jugendlichen Entwicklungsphase korrespondiert der Durchmesser in Millimeter näherungsweise mit dem Alter des jeweiligen Probanden in Jahren [18]. Während der extrathorakale Anteil der Luftröhre in engem Kontakt mit Schilddrüse und Karotis steht, durchdringt ihr thorakaler Anteil das Mediastinum und verläuft dabei in unmittelbarer Nähe des Aortenbogens, anderer großer Blutgefäße, des kardialen Nervenplexus und einiger Lymphknoten. Das Kollabieren der Trachea während der Inhalation wird durch das oben erwähnte Stützgerüst aus Knorpel verhindert, welches als ein Hauptbestandteil der Wand gilt. Letztere setzt sich im Allgemeinen aus einer Mukosa, welche das innere Lumen auskleidet, einer fibrösen Submukosa mit dem Knorpelgewebe und einer Adventitia, mit der die Luftwegsstruktur in das umgebende Gewebe eingebettet ist, zusammen [1-3, 16, 18].

Die tracheale Schleimhaut ist jener der Nasenhöhle und des Nasopharynx sehr ähnlich und weist eine vollständige Übereinstimmung mit jener des unteren Larynx und der Bronchien auf (Abb. 4). Grundsätzlich liegt ein einschichtiges, hochgewachsenes Epithel vor, welches sich hauptsächlich aus Flimmer- und sekretorisch aktiven Becherzellen zusammensetzt. Als weitere epitheliale Komponenten können die sogenannten Basalzellen ausgemacht werden, deren Zellkerne allesamt auf einer Linie nahe der Basallamina liegen. Dieser Zelltypus zeichnet sich durch seine Omnipotenz aus und verfügt demzufolge über die Fähigkeit zur Umwandlung in jede beliebige Zellform des Epithels. Das Deckgewebe wird von einer relativ dicken Mukusschicht überzogen, welche von den Becherzellen und subepithelialen Drüsen abgesondert wird. In diesem von den Flimmerzellen transportierten Medium befinden sich unter anderem abgelagerte Teilchen aus der Atemluft, tote Zellen, Granulozyten, Lymphozyten und eine nicht zu vernachlässigende Population von Luftwegsmakrophagen [18, 23-54].

Der tracheale Schleim besteht im Allgemeinen aus einer Mixtur zahlreicher Proteine, unter denen die sogenannten Muzine als Hauptkomponenten fungieren. Hierbei handelt es sich um Proteoglykane mit einem zentralen Eiweißmolekül und Seitenketten aus Mukopolysacchariden (Glykosaminoglykane), die jeweils über ein sehr hohes Molekulargewicht verfügen. Auch sulfidische Aminozucker oder verschiedene organische Säuren können hier als entsprechende Anhänge auftreten [18]. Die für den Transport der Mukusschicht verantwortlichen Zilien der Flimmerzellen variieren in ihrer Länge je nach Position und Funktion zwischen 5 und 50 µm [23-40] und führen eine systematische, aus zwei getrennten Phasen bestehende Schlagbewe-

gung durch. Die ziliare Schlagfrequenz bemisst sich im physischen Ruhezu-
stand und bei einer Körpertemperatur von 37°C auf etwa 22 Hz [3, 16, 18],
wodurch sich eine tracheale Mukusgeschwindigkeit von ungefähr 13 bis 15
mm min^{-1} ergibt [18, 23-40].

Als weitere Komponenten des trachealen Epithels können Mikrovilli tragende Sinneszellen und neuroendokrine Zellen (Kulchitsky-Zellen) differenziert werden. Letztgenannter Zelltypus besitzt die Fähigkeit zur Aufnahme
von Aminpräkursoren, welche in weiterer Folge in granulären Körpern des
Zytoplasmas gespeichert werden. Die neuroendokrinen Zellen treten zumeist einzeln auf, formen jedoch in der oberen Luftröhre nahe des Kehlkopfes auch einige Cluster [18].

Das subepitheliale Bindegewebe (Lamina propria) setzt sich aus ineinander
verwobenen Kollagenfasern auf der einen Seite und einer Vielzahl an elasti-
schen Fasern auf der anderen zusammen. Dieses histologische Ensemble
wird unter anderem durch kleine Blut- und Lymphgefäße sowie einzelne
frei agierende Fibrozyten ergänzt. Die basal zur Lamina propria positionierte Submukosa verfügt in der Regel über eine reduzierte Menge an elasti-
schen Fasern, jedoch über wesentlich höhere Anteile an Kollagen. Hier befinden sich zudem größere Blut- und Lymphgefäße sowie etliche Nervenfa-
sern. Die in diesem Bereich ebenfalls anzutreffenden hyalinen Knorpelspangen werden von Bindegewebslagen eingehüllt. Die posteriore, in unmittel-

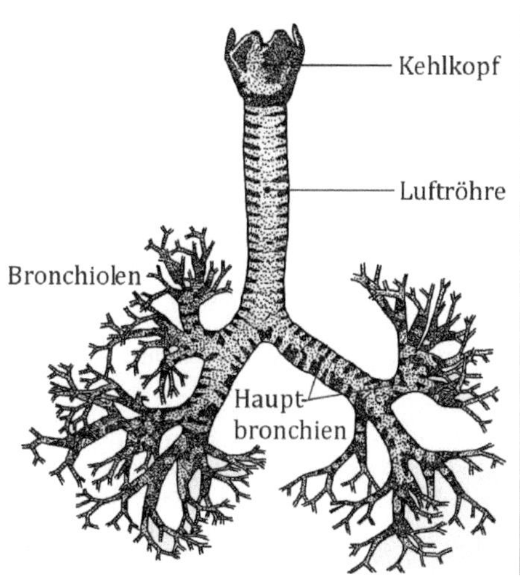

A3

Organisation des tracheo-
bronchialen Luftwegsbau-
mes mit vertikaler Luftröhre, Hauptbronchien und
peripheren Bronchiolen
[15, 16].

barer Nähe des Ösophagus befindliche Tracheawand ist frei von jeglichem Knorpel und enthält stattdessen eine dicke Schicht aus glatter Ringmuskulatur, welche eine nahezu vollständige Konstriktion der Luftröhre herbeiführen kann. Die den transluminalen Abschluss der Wand bildende Adventitia enthält lediglich noch lockeres Bindegewebe sowie größere Gefäßsysteme und Nerven. An diese tracheale Schicht schmiegen sich zudem einzelne Lymphknoten an [2, 3, 18].

1.1.2 Anatomie und Histologie der thorakalen Atemwege

Die Luftröhre verzweigt sich an der Carina in die beiden Hauptbronchien. Diese treten in Länge und Durchmesser deutlich hinter die Trachea zurück, wobei sie auch untereinander durch signifikante morphometrische Differenzen gekennzeichnet sind. Der rechte Hauptbronchus ist demnach ein bisschen breiter als der linke und zudem deutlicher in vertikale Richtung orientiert (Abb. 3). Die Hauptbronchien dienen in erster Linie dem Transport der inhalierten Luft zu den Lungenflügeln und in weiterer Folge auch zu den Lungenlappen. Letztere werden durch eine Bindegewebslage (Pleura) und das Mesothel eingehüllt. Die Lungenlappen gliedern sich ihrerseits in die sogenannten bronchopulmonären Segmente, welche ihre gegenseitige Abgrenzung durch spezielle, von der Pleura stammende Gewebslagen erfahren. Der rechte Lungenflügel setzt sich aus zehn solchen Segmenten, der linke hingegen lediglich aus acht Segmenten zusammen. Die Luftzufuhr zu den einzelnen Regionen erfolgt durch die segmentalen Bronchien [2, 3, 18].

Die Bronchien verzweigen sich in der menschlichen Lunge in überwiegendem Maße auf dichotome Art und Weise, wobei die filialen Luftwegsgenerationen im Vergleich zu den parentalen Tuben stets über einen reduzierten Durchmesser verfügen und darüber hinaus durch eine intrasubjektive Variabilität gekennzeichnet sind [1-10]. Trichotomie tritt nur sehr vereinzelt auf, so etwa beim Übergang des rechten oberen Lappenbronchus in die drei segmentalen Bronchien (Abb. 3). Die Lunge enthält im Durchschnitt 23 Luftwegsgenerationen, wobei das dichotome Teilungsverhalten irgendwo zwischen 15. und 30. Luftwegsgeneration zur Einstellung gelangt [18].

Durchmesser und Länge der Bronchien sowie die Dimensionen der Bronchialwände unterliegen mit steigender Luftwegsgeneration einer deutlichen Reduktion. Zudem treten bei diesen Parametern auch Unterschiede zwischen Männern, Frauen und Kindern auf [16, 18]. An jener Stelle, wo die Bronchien in die Lungenflügel eintauchen, werden jene für die Luftröhre typischen Knorpelspangen durch unregelmäßig geformte Platten aus hyalinem Knorpel ersetzt, welche die gesamte Bronchialwand erfüllen und dadurch eine zylindrische Luftwegsgeometrie erzeugen. Mit zunehmender Luftwegsgeneration verlieren die knorpeligen Elemente an Größe, nehmen jedoch an Elastizität zu und weisen zudem eine immer unregelmäßigere Verteilung in der Bronchialwand auf. Eine Lage aus glatter Muskulatur umhüllt den gesamten Bronchus und zeichnet unter anderem für die bei Asthmatikern verbreitete Bronchokonstriktion verantwortlich [1-3, 18, 55-59].

Extrathorakale Luftwege, Trachea, Bronchien

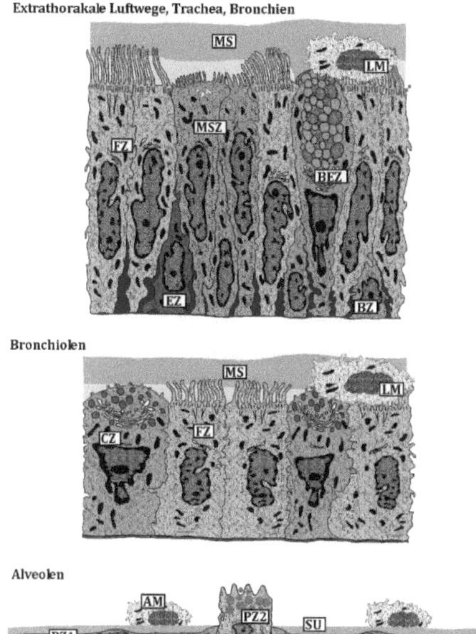

A4

Histologie des Lungenepithels in den einzelnen Abschnitten des menschlichen Respirationstraktes. Neben der Dicke des Deckgewebes nimmt auch die Anzahl der im Gewebe auftretenden Zellarten von den proximalen zu den distalen Lungenregionen kontinuierlich ab. Abkürzungen: AM = alveolärer Makrophage, BEZ = Becherzelle, BZ = Basalzelle, CZ = Clara-Zelle EZ = endokrine Zelle, FZ = Flimmerzelle, LM = Luftwegsmakrophage, MS = Mukusschicht, MSZ = Mikrovilli tragende Sinneszelle, PZ1 /PZ2 = Pneumozyt Typ 1/ 2, SU = Surfactant [15].

Die bronchiale Wand gleicht in Bezug auf ihre Histologie jener der Luftröhre. Ein mit einer Mukusschicht bedecktes Epithel wird in basaler Richtung von einer Lamina propria abgelöst, wobei die Trennung der beiden Bereiche durch eine prominente Basalmembran erfolgt. Die knorpeligen Elemente sind in spezielle Bindegewebslagen innerhalb der Submukosa eingelagert und wechseln sich in regelmäßiger Reihenfolge mit subepithelialen seromukösen Drüsen ab. Die am äußersten Rand der Bronchialwand befindliche Adventitia setzt sich aus lockerem Bindegewebe zusammen und enthält Blutgefäße, Lymphbahnen und Nerven [1-3, 16, 18].
Sobald die Durchmesser der Luftwege eine Größenordnung von ungefähr 1 mm erreichen, verschwinden die knorpeligen Plättchen aus deren Wänden. Diese nun als Bronchiolen bezeichneten Strukturen treten in den Luftwegsgenerationen 9 bis 15 auf und weisen zum Teil deutliche Unterschiede zu

den Bronchien auf. Neben der Absenz des Knorpelgewebes kann in diesem Zusammenhang das Fehlen der seromukösen Drüsen und der Becherzellen im Epithel angeführt werden. Das nun wesentlich dünnere Deckgewebe enthält vermehrt isometrische Zellen, unter denen die sogenannten Clara-Zellen an die Stelle der Mukuszellen treten (Abb. 4). Die Submukosa beinhaltet unter anderem glatte Muskulatur, verschiedene Bindegewebslagen, feine Lymphgefäße und Nerven. Die Bronchiolen werden von feinen Verzweigungen der pulmonalen Arterie begleitet. Während die Epithelien größerer bronchiolärer Luftwege in der Hauptsache aus Flimmerzellen zusammengesetzt sind, bestehen die Epithelien der kleineren Bronchiolen überwiegend aus non-ziliären Zellen, unter denen die Clara-Zellen mit ihrer apikalen Kuppelform besonders hervorzustreichen sind. Dieser Zelltypus übt starken Einfluss auf die Gestalt der luminalen Epitheloberfläche aus und zeigt in den terminalen Bronchiolen seine größte Verbreitung [1-3, 18].

Der Durchmesser der Bronchiolen reduziert sich mit zunehmender Luftwegsgeneration von etwa 2 mm auf 0,5 mm, wohingegen die bronchioläre Tubuslänge eine Abnahme von ungefähr 5 mm auf 1,5 mm erfährt. Die an den feinen Luftwegen auftretenden Bifurkationen zeichnen sich oftmals durch einen stumpfen Winkel aus. Das von den bronchiolären Tuben definierte Luftvolumen bemisst sich näherungsweise auf 50 cm^3, während die gesamte luminale Oberfläche ungefähr 0,24 m^2 ausmacht. Der in den Bronchiolen vorhandene Schleim wird mithilfe der Flimmerzellen in Richtung Oropharynx transportiert, wodurch sich letztendlich ein zusammenhängendes System der intrapulmonären Partikelreinigung (Clearance) ergibt [23-54].

1.1.3 Anatomie und Histologie der Zone des Gasaustauschs

Unter den sogenannten terminalen Bronchiolen versteht man jene kleinsten Luftwege, die noch über keinen Besatz mit Alveolen verfügen. Sie versorgen die Zone des Gasaustauschs, welche sich aus einer Vielzahl an Azini (Ansammlungen von Alveolen) zusammensetzt, mit sauerstoffreicher Atemluft. Unmittelbar auf die terminalen Bronchiolen folgen die respiratorischen Bronchiolen, die bereits einen gewissen Alveolarisierungsgrad besitzen und demzufolge einen signifikanten Beitrag zum Gasaustauschprozess leisten (Abb. 5). Die funktionelle Einheit des Azinus erhält ihre Luft von mehreren respiratorischen Bronchiolen, die innerhalb des alveolären Konglomerats in die alveolären Gänge (Ductus) übergehen. Die Luftwege reduzieren mit steigender Generation fortwährend ihre Durchmesser und Längen. In Generation 17 belaufen sich diese beiden geometrischen Parameter noch auf 0,54 beziehungsweise 1,5 mm; in Generation 23 schließlich betragen sie nur noch 0,41 beziehungsweise 0,5 mm [1-3, 16, 18].

Das von den respiratorischen Bronchiolen definierte Luftvolumen bemisst sich auf ungefähr 200 mL, wohingegen die gesamte epitheliale Oberfläche annähernd 1 m² ausmacht. Hinsichtlich ihrer Histologie zeigen diese Luftwege große Ähnlichkeiten mit den terminalen Bronchiolen, wobei jedoch die Flimmerzellen sehr deutlich in ihrer Anzahl abnehmen. Das von den respiratorischen Bronchiolen definierte Lungenareal wird oftmals als transitorisches Gewebe bezeichnet, da es sowohl luftleitende als auch gasaustauschende Funktion besitzt [2, 18]. Bei den alveolären Gangstrukturen liegt ein maximaler Alveolarisierungsgrad vor. Diese für den Lufttransport essenziellen Objekte verändern ihren Durchmesser kaum noch, während sich ihre Länge kontinuierlich von 1,0 auf 0,6 mm reduziert. Die letzte Generation der alveolären Gänge definiert die sogenannten alveolären Säcke, welche gleichzeitig die Endstücke der intrapulmonalen Transportstrecken darstellen [18].

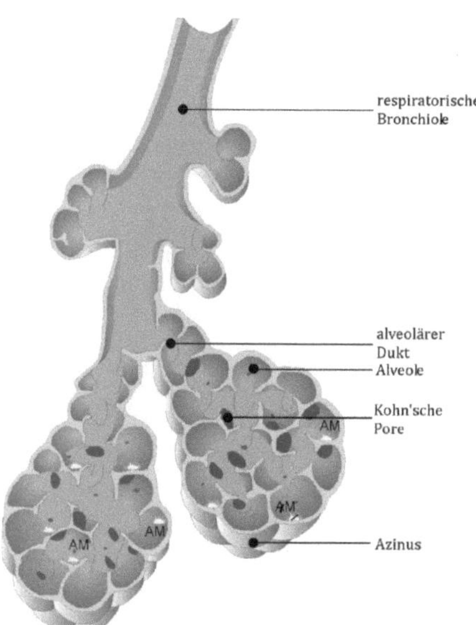

A5

Anatomie des peripheren Lungenbereichs mit respiratorischen Bronchiolen und Azini, welche die funktionellen Einheiten der Gasaustauschzone repräsentieren. Einzelne Alveolen sind über die Kohn'schen Poren zum gegenseitigen Luftaustausch befähigt. Die innerhalb der Azini verlaufenden alveolären Gänge enden im sogenannten alveolären Sack [18, 59].

Das für den Gasaustausch verantwortliche Parenchym setzt sich stereologischen Messungen zufolge aus ungefähr 300 Millionen Lungenbläschen zusammen, welche konzentrisch um die alveolären Gänge herum angeordnet sind. Die gesamte für den Austausch von Sauerstoff und Kohlendioxid zur Verfügung stehende Oberfläche bemisst sich auf etwa 140 m² [18] und entspricht damit dem Areal eines Tennisplatzes. Das im alveolären Bereich vorhandene Luftvolumen beläuft sich bei maximaler Luftaufnahme auf näherungsweise 4.500 mL [1-5, 16, 18].

Als strukturelle Basis für den in der Lunge stattfindenden Gasaustausch gilt die Alveolenwand beziehungsweise das interalveoläre Septum, welches die Trennwand zweier benachbarter Lungenbläschen repräsentiert (Abb. 1, 5, 6). An diesen Stellen treten Atemluft und Blut in engen Kontakt zueinander, wobei die in den Austauschprozess involvierten Gasmoleküle lediglich eine im Durchschnitt 2 µm mächtige Barriere (Luft-Blut-Schranke) zu überwinden haben. Die vielerorts sogar nur weniger als 1 µm dicke Schranke setzt sich aus drei Lagen, nämlich dem Epithel, dem Interstitium und dem Endothel zusammen (Abb. 6). Das alveoläre Deckgewebe beinhaltet mit den Pneumozyten vom Typ I und Typ II grundsätzlich zwei klar voneinander unterscheidbare Zellarten. Beim erstgenannten Zelltyp handelt es sich um wenige Zehntel µm dicke, plattenartige Strukturen, die den Großteil der alveolären Innenwand ausbilden und die bevorzugten Durchtrittsstellen der Gasmoleküle repräsentieren. Pneumozyten vom Typ I sind im Allgemeinen zur Aufnahme von in den Lungenbläschen abgelagerten Partikeln befähigt, welche in weiterer Folge in das Interstitium transportiert werden, um dort entweder in das Gefäßsystem zu gelangen oder eine temporäre Lagerung zu erfahren. Pneumozyten vom Typ II („Krönchenzellen") zeichnen sich durch ihre reich strukturierte apikale Oberfläche und ihre hohe Stoffwechselaktivität aus. Sie sind in erster Linie für die Sekretion des sogenannten Surfactant, einer Flüssigkeitsschicht mit relativ niedriger Viskosität, verantwortlich. Dieser benetzt die Innenwand der Lungenbläschen und sorgt für ein erleichtertes Eindringen des Sauerstoffs in das alveoläre Gewebe. Neueren Untersuchungen zufolge kommt ihm auch bei diversen Reinigungsprozessen (Clearance) eine nicht unbedeutende Rolle zu [15, 16, 18].

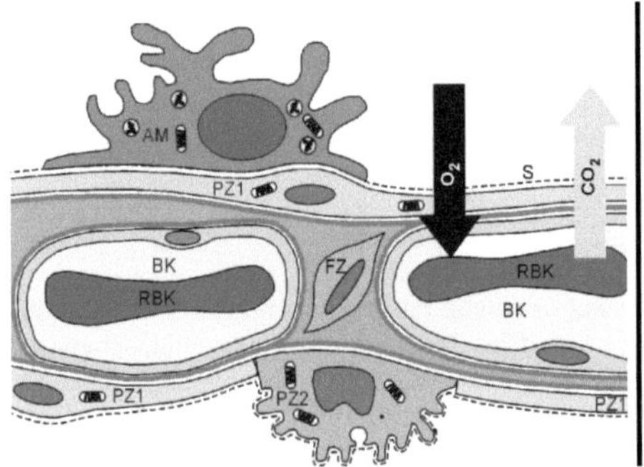

A6

Schema zur Veranschaulichung des an der Luft-Blut-Schranke stattfindenden Gasaustauschs. Abkürzungen: AM = alveolärer Makrophage, BK = Blutkapillare, FZ = Fibrozyt, PZ1/2 = Pneumozyt vom Typ I/II, RBK = rotes Blutkörperchen, S = Surfactant.

Die von der Alveolenwand umschlossenen Hohlräume gelten als Aufenthaltsort zahlreicher Makrophagen, welche die Epitheloberfläche nach aus dem Luftstrom abgesonderten Material absuchen und für einen relativ ablaufenden alveolären Clearance-Prozess verantwortlich zeichnen. Jene mit einem bestimmten Partikelvolumen beladenen Fresszellen wandern entweder in das Interstitium und von dort aus weiter in die Lymphbahnen oder direkt in das übergeordnete tracheobronchiale Luftwegssystem, wo sie mithilfe des mukoziliären Transportmechanismus bis zum Oropharynx gelangen können [60, 61].

Das Interstitium setzt sich im Allgemeinen aus feinen Bindegewebslagen und darin frei beweglichen Fibrozyten zusammen. Es beinhaltet zudem ein reich verzweigtes System aus Blutkapillaren, deren hauptsächliche Aufgabe im systematischen Transport der roten Blutkörperchen (Erythrozyten) besteht. Die Wände der feinen Blutgefäße bestehen aus dem oben angeführten Endothel, welches seinerseits durch eine sehr dünne Zelllage definiert wird. Der über die Atemluft zu den Lungenbläschen geführte Sauerstoff diffundiert durch Epithel, interstitielles Bindegewebe und Endothel, ehe er an die Häm-Gruppe der Erythrozyten gebunden wird. Das im Gegenzug aus der Häm-Gruppe freigesetzte Kohlendioxid nimmt gerade den umgekehrten Weg und wird über die Exhalation an die Umgebungsluft abgegeben [1-3].

Stereologischen Zählmethoden zufolge enthält das alveoläre Parenchym eines gesunden Erwachsenen im Durchschnitt $2{,}3 \times 10^{11}$ Zellen, wobei die dem Interstitium zuzuordnenden zellulären Objekte insgesamt 36,1 % ausmachen; 30,2 % aller Zellen sind dem Endothel zuzuordnen, wohingegen Pneumozyten vom Typ II zu 15,9 %, alveoläre Makrophagen zu 9,4 % und Pneumozyten vom Typ I zu 8,3 % vertreten sind [2, 18]. Die gesamte epitheliale Oberfläche der Lungenbläschen wird zu 93 % durch Typ-I-Pneumozyten, jedoch nur zu 7 % durch Typ-II-Pneumozyten gebildet, wobei jede Zelle des ersten Typs eine riesige Fläche von 5.100 μm^2 abdeckt [18].

Zuletzt ist im Rahmen dieser kurzen Zusammenschau noch anzumerken, dass beim Menschen die Anzahl der alveolären Makrophagen im Vergleich zu anderen Säugetieren ungewöhnlich hoch ist. Bei Rauchern mit deutlich erhöhter Inhalation von Schadpartikeln nimmt diese Menge nochmals signifikant zu, wodurch die essenzielle Rolle der Fresszellen beim Clearance-Prozess eine zusätzliche Unterstreichung erfährt. Neueren Ergebnissen zufolge zeichnen die Makrophagen in den Alveolen für einen rascheren Partikelreinigungsprozess zuständig, welcher dafür sorgt, dass ein Großteil der abgelagerten Teilchen innerhalb weniger Wochen aus den Lungenbläschen entfernt wird. Zusätzlich gibt es mit der epithelialen und interstitiellen Transzytose von Partikeln noch einen wesentlich langsameren Prozess, der mehrere Jahre in Anspruch nehmen kann [15-17, 62-70].

1.2 Morphometrie der menschlichen Lunge

In der präadulten Phase zeichnet sich der menschliche Respirationstrakt durch sein kontinuierliches Wachstum aus. Wie anhand umfangreicher morphometrischer Studien demonstriert werden konnte, erfahren sowohl die einzelnen Luftwegsdimensionen (Länge, Durchmesser) als auch die für den Atmungsprozess essenziellen Lungenvolumina eine stetige Vergrößerung [18, 71-80]. Die innerhalb der Entwicklungsphase stattfindende Steigerung einzelner Kapazitätswerte ist insbesondere auf eine signifikante Vermehrung der Alveolen zurückzuführen, welche den weitaus größten Teil der Inhalationsluft aufzunehmen vermögen [1-10, 18].

Für eine geeignete theoretische Darstellung der Teilchendeposition in den Lungen von Kindern unterschiedlichen Alters ist es zunächst notwendig, verlässliche Skalierungsverfahren zu entwickeln, welche die Lungengrößen einzelner Probanden mit hinreichender Genauigkeit abzubilden vermögen. In der Regel gelangt für die Definition altersspezifischer Lungenmorphometrien ein Skalierungsfaktor zum Einsatz, der aus unterschiedlichen mathematischen Näherungsprozessen gewonnen werden kann. Dieser ist entweder für alle Luftwegsgenerationen als konstant zu erachten oder durch eine intraspezifische Variabilität gekennzeichnet [72]. Während im ersten Fall zumeist lediglich eine grobe Approximation der kindlichen Lungengröße erreicht wird, liegt im zweiten Fall häufig eine sehr gute Anpassungsgüte mit entsprechend hohem Realitätsbezug der errechneten Lungengröße vor [18]. In den folgenden Abschnitten sollen zwei unterschiedliche mathematische Verfahren zur Berechnung von Skalierungsfaktoren vorgestellt werden. Die erste Rechenmethode leitet diese morphometrische Größe direkt von der Körperlänge des jeweiligen Probanden ab, wohingegen die zweite Methode die funktionelle Residualkapazität als Bezugsgröße für die betreffenden Kalkulationen verwendet. Beide Ansätze liefern schlussendlich Parameter, welche Werte zwischen 0 und 1 annehmen und als multiplikative Faktoren in die Skalierungsberechnungen einfließen.

1.2.1 Lungenskalierung auf Basis der Körperlänge

Ein relativ simples Skalierungsprinzip, welches insbesondere in der Lungendosimetrie seine häufige Verwendung findet, stellt eine Beziehung zwischen Körperlänge und Lungengröße des betrachteten Probanden her. Der Skalierungsfaktor (SF) lässt sich hierbei konkret mithilfe der Formel

$$SF = a \cdot (H_S - 1{,}76) + 1 \tag{1}$$

ermitteln, wobei H_S die Körperlänge des Untersuchungssubjekts in Metern bezeichnet, wohingegen a einen spezifischen Koeffizienten repräsentiert, welcher für Durchmesser- und Längenskalierung unterschiedliche Werte annimmt und darüber hinaus von Luftwegsgeneration 0 (Trachea) bis 8 (Bronchien) durch eine deutliche Variabilität gekennzeichnet ist (Tab. 1). Da für höhere Luftwegsgenerationen keine Daten für den Koeffizienten a bereitgestellt wurden, empfiehlt sich hier die Anwendung eines alternativen Skalierungsverfahrens oder die Benutzung eines aus den übergeordneten Generationen gewonnenen Mittelwertes [18, 71, 72, 81].

T1

Luftwegsgeneration (z)	Koeffizient (a)	
	Durchmesser	Länge
0 – Trachea	0,540	0,559
1 – Hauptbronchien	0,530	0,468
2 – Bronchien	0,507	0,474
3 – Bronchien	0,489	0,502
4 – Bronchien	0,429	0,431
5 – Bronchien	0,441	0,476
6 – Bronchien	0,452	0,441
7 – Bronchien	0,405	0,359
8 – Bronchien	0,333	0,273

Variation des in Glg. (1) verwendeten Koeffizienten a je nach betrachteter Luftwegsgeneration und geometrischer Größe [18, 81].

Für umfassendere Lungenskalierungen mit anschließenden Depositionsberechnungen ist es oftmals notwendig, eine einfache mathematische Beziehung zwischen Alter und Körperlänge der einzelnen Probanden zu definieren. Wie zahlreiche in der Vergangenheit getätigte Untersuchungen recht deutlich zeigen, beträgt die mittlere Körperlänge des Menschen bei dessen Geburt etwa 50 cm. In weiterer Folge tritt ein kontinuierliches Längenwachstum ein, welches bei Knaben und Mädchen bis zum dreizehnten Lebensjahr ungefähr gleich schnell abläuft. Zwischen vierzehntem und achtzehntem Lebensjahr treten zwischen den Geschlechtern entsprechende Differenzen in diesem Entwicklungsprozess auf [18, 82].
Wenn man sich konkret die Körperlängenentwicklung hellhäutiger europäischer Kinder vor Augen führt, bekommt man einen typischen Wachstumsverlauf mit höheren Wachstumsraten am Anfang des Prozesses und niedrigeren Wachstumsraten in dessen Endphase präsentiert (Abb. 7). Für das nach Glg. (1) definierte Lungenskalierungsverfahren empfiehlt sich eine Approximation der Mittelwertsdaten unter Zuhilfenahme regressiver Verfahren. Dabei kann beispielsweise eine simple Polynomfunktion zweiten

Grades zur Anwendung gelangen, welche die Datenpunkte mit einer Güte von 98,5 % abzubilden vermag. Der Vollständigkeit halber sei hier erwähnt, dass die mittlere Körperlänge bei US-amerikanischen Kindern teils deutlich über jener der europäischen Kinder liegt [18], so dass von einer generellen Verwendung der unter aufgezeichneten Daten abzusehen ist.

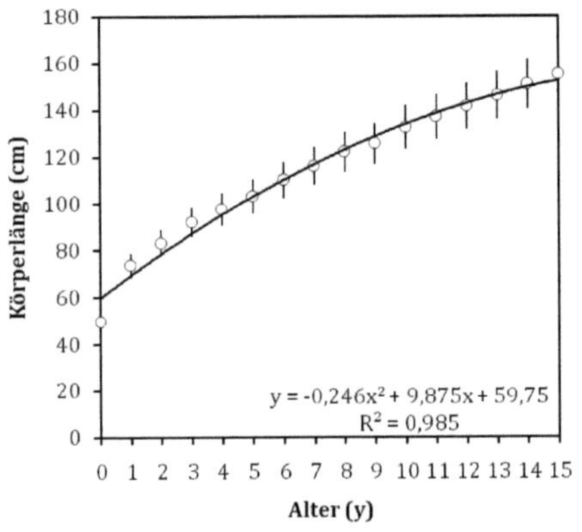

A7

Altersbedingte Zunahme der Körperlänge bei europäischen Kindern. Die Mittelwertsdaten wurden mit einem Polynom 2. Grades gefittet. Die Unsicherheiten wurden durch die Standardabweichungen definiert.

Im nachfolgenden Beispiel ist die Größenentwicklung der menschlichen Trachea nachgezeichnet, wobei für die Berechnung der morphometrischen Daten sowohl auf Glg. (1) als auch auf die in Abb. 7 geplotteten Datenpunkte zurückgegriffen wurde. Aus Ausganswerte für die Kalkulationen wurden die adulten Luftröhrendimensionen aus dem Lungenmodell A von Weibel [83] herangezogen, welche sich auf 1,8 cm (Durchmesser) und 12,0 cm (Länge) belaufen. Diese beiden Werte wurden mit altersspezifischen, auf den jeweiligen Körperlängen basierenden Skalierungsfaktoren multipliziert, was jene in Abb. 8 präsentierten Datenpunkte zur Folge hatte.

Dem nachstehenden Diagramm zufolge kann bei Menschen im Alter zwischen 0 und 15 Jahren eine Zunahme des trachealen Durchmessers von 0,57 auf 1,60 cm beobachtet werden. Die Länge der Luftröhre steigert sich im gleichen Altersintervall von 3,53 auf 10,59 cm. Die Abweichungen von diesen Mittelwerten nehmen für gewöhnlich maximale Werte von +/-10 % an. Anhand des hier gezeigten Beispiels lässt sich bereits sehr eindrucksvoll demonstrieren, dass die Luftwegsdimensionen insgesamt einer signifikanten Steigerung unterliegen und einen sehr ähnlichen Wachstumsverlauf wie die Körperdimensionen zeigen. Ab einem Alter von ungefähr 20 Jahren darf der respiratorische Trakt sowohl bei Männern als auch bei Frauen als vollständig ausgewachsen betrachtet werden. Eventuelle Änderungen der Lungenmorphometrie sind hier in erster Linie auf Erkrankungen des Bronchial- oder Alveolarsystems (chronisch obstruktive Lungenerkrankungen, Emphysem usw.) zurückzuführen [84-93]. Auch der Alterungsprozess führt oftmals zu einer teils sehr deutlichen Reduktion verschiedener Lungenvolumina und damit verbundener Kapazitätswerte.

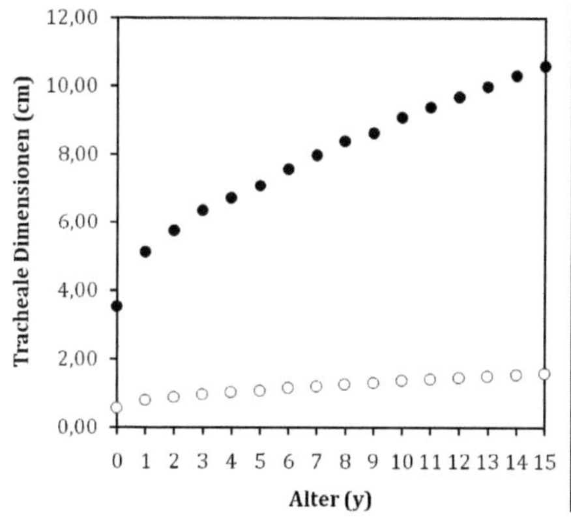

A8

Entwicklung der trachealen Dimensionen (Durchmesser, Länge) bei jungen Menschen zwischen 0 und 15 Jahren. Hier gelangten jene zuvor vorgestellten Modellbetrachtungen zur Anwendung (○ Durchmesser; ● Länge).

1.2.2 Lungenskalierung auf Basis der funktionellen Residualkapazität

Ein alternatives Verfahren zur Bestimmung einer altersspezifischen Lungengröße basiert auf der sogenannten funktionellen Residualkapazität. Darunter versteht man im Allgemeinen jenes Luftvolumen, welches in der Lunge nach dem Vorgang des Ausatmens verbleibt. Anders ausgedrückt handelt es sich hierbei auch um jene Luftmenge, die während der Normalatmung nicht aus dem respiratorischen Trakt zu entweichen vermag. Aus lungenphysiologischer Sicht ist die funktionelle Residualkapazität (FRC) als Summe des Residualvolumens (RV) und des exspiratorischen Reservevolumens (ERV) zu begreifen. Das Residualvolumen beschreibt die in der Lunge verbleibende Luftmenge nach maximaler Exhalation. Dieses Volumen verbleibt dauerhaft im Respirationstrakt und sorgt unter anderem für dessen Stabilisierung. Das exspiratorische Reservevolumen repräsentiert den Betrag an zusätzlicher Luft, welche über die normale Atmung nicht abgegeben werden kann [1-3, 18]. Bei Annahme eines mittleren Residualvolumens von 1,2 L und eines durchschnittlichen exspiratorischen Reservevolumens von ebenfalls 1,2 L ergibt sich laut obiger Definition eine funktionelle Residualkapazität von 2,4 L. Gemäß ICRP (Report Nr. 66) beträgt die durchschnittliche funktionelle Residualkapazität bei erwachsenen Männern (kaukasische

Ethnie) 3301 cm^3, während sich dieser Wert bei adulten Frauen auf 2681 cm^3 beläuft und damit ungefähr 20 % unter der männlichen Vergleichsgröße liegt [18].

Für die Ermittlung des FRC-basierten Lungenskalierungsfaktors gelangt die einfache mathematische Formel

$$SF = (FRC_S / FRC_R)^{1/3} \tag{2}$$

zur Anwendung. Dabei bezeichnen FRC_S die funktionelle Residualkapazität des zu untersuchenden Subjektes und FRC_R die funktionelle Residualkapazität einer bestimmten Referenz. In der Regel wird der bereits oben vorgestellte Wert von 3301 cm^3 als entsprechende Berechnungsreferenz festgelegt. Im Gegensatz zum zuvor beschriebenen Skalierungsverfahren (Kap. 1.2.1) erhält man nach obiger Gleichung lediglich einen einzelnen Faktor, der auf alle geometrischen Parameter und Luftwegsgenerationen anzuwenden ist und demzufolge nur eine relativ grobe Beschreibung der altersspezifischen Lungenmorphometrie abzuliefern vermag.

Um eine mathematische Beziehung zwischen dem Alter der Kinder und der funktionellen Residualkapazität herstellen zu können, ist zunächst wiederum auf jene in Abb. 1 vorgestellte Relation zwischen Alter und Körperlänge zurückzugreifen. Für hellhäutige Probanden im Alter zwischen 0 und 3 Jahren können in weiterer Folge die Gleichungen

$$FRC_S = -269 + 6{,}9 \cdot H_S \ \text{(männl.)} \tag{3}$$

und

$$FRC_S = -204 + 5{,}92 \cdot H_S \ \text{(weibl.)} \tag{4}$$

verwendet werden, wobei H_S wiederum die Körperlänge des Subjektes repräsentiert [18]. Für Individuen im Alter von 5 bis 17 Jahren sind hingegen die beiden Formeln

$$FRC_S = 0{,}88 \cdot 10^{-3} \cdot H_S^{2{,}91} \ \text{(männl.)} \tag{5}$$

und

$$FRC_S = 0{,}88 \cdot 10^{-3} \cdot H_S^{2{,}91} \ \text{(weibl.)} \tag{6}$$

heranzuziehen [18]. Für die Glg. (3) und (4) liegen die Unterschiede zwischen männlichen und weiblichen Probanden innerhalb des von den jeweiligen Standardabweichungen definierten Unschärfebereichs, so dass man sich in weiterer Folge auf eine der beiden Formeln beschränken kann. In Falle der Glg. (5) und (6) liegen gar keine geschlechtsspezifischen Differenzen vor, was auf eine recht einheitliche Zunahme der funktionellen Residualkapazität bei Knaben und Mädchen schließen lässt.

Wenn man sich nun die Entwicklung der funktionellen Residualkapazität mit fortschreitendem Alter etwas näher vor Augen führt, kann man einen kontinuierlichen Anstieg des Volumenparameters mit exponentiellem Funktionsverlauf zwischen 0 und 4 Jahren beziehungsweise nahezu linearem Verlauf zwischen 5 und 15 Jahren konstatieren. Mit dem Anstieg der Kapazitätswerte tritt laut entsprechendem Diagramm der Abb. 9 auch eine kontinuierliche Vergrößerung des Unschärfebereichs auf. Gemäß den oben vorgestellten Berechnungen beläuft sich die funktionelle Residualkapazität bei Neugeborenen auf lediglich 74,6 cm^3. Bei fünfjährigen Kindern steigt sie auf 427,2 cm^3 an, wohingegen sie bei zehnjährigen Probanden bereits 1381 cm^3 und bei 15-jährigen Jugendlichen 2616 cm^3 beträgt. Den Berechnungsdaten zufolge kann in den ersten 15 Lebensjahren eine Steigerung des interessierenden Lungenparameters um 3500 % festgestellt werden.

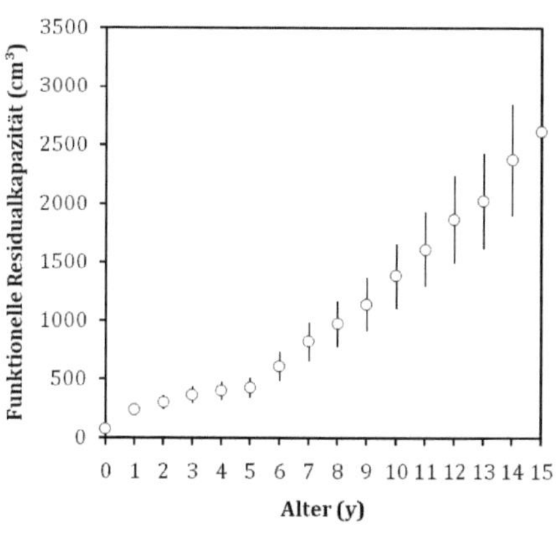

A9

Funktionelle Residualkapazität und ihre Altersabhängigkeit gemäß den Glg. (3) bis (6). Für Probanden zwischen 0 und 3 Jahren wurde eine einheitliche Entwicklung des Parameters angenommen. Der FRC$_{4y}$-Wert wurde extrapolativ ermittelt.

Wird die FRC-basierte Skalierungsprozedur wiederum exemplarisch auf die Luftröhre (Luftwegsgeneration 0) angewendet, erhält man jene im Diagramm der Abb. 10 dargestellten Datenpunkte. Aufgrund der Nutzung zweier unterschiedlicher Kalibrierungsfunktionen für die funktionelle Residualkapazität ergibt sich kein so harmonischer Entwicklungsverlauf der trachealen Dimensionen wie bei dem in Kapitel 1.2.1 vorgestellten Skalierungsmodell. Die maximalen Abweichungen von den hier gezeigten Mittelwertsdaten belaufen sich auf +/- 15 %. Die untenstehende Grafik gibt sehr klar zu erkennen, dass der tracheale Durchmesser in den ersten 15 Lebensjahren von durchschnittlich 0,51 cm auf 1,67 cm anwächst und somit mehr als eine

Verdreifachung erfährt. Die Länge der Trachea unterliegt im gleichen Zeitraum einer Steigerung von durchschnittlich 3,39 cm auf 11,11 cm. Das mathematische Skalierungsverfahren kann auf alle Luftwegsgenerationen der menschlichen Lunge und auch die extrathorakalen Strukturen angewendet werden, so dass sich im Endeffekt eine vollständige altersbezogene Rekalibrierung des respiratorischen Traktes ergibt.

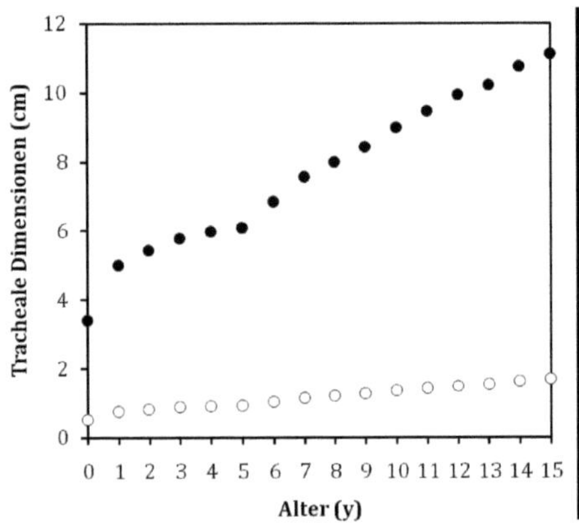

A10

FRC-basierte Skalierung der trachealen Dimensionen. Für die altersspezifische Kalibrierung der Luftröhre gelangten die Glgen (2) bis (6) zur Anwendung (∘ Durchmesser; • Länge).

Obwohl bereits zahlreiche morphometrische Daten von Kinderlungen, welche mit speziellen laserinterferometrischen Verfahren gewonnen wurden, verfügbar sind, gibt es noch kaum Informationen zum Wachstumsverlauf des menschlichen Respirationstraktes in der Kindheits- und frühen Jugendphase. Hier leisten die oben vorgestellten mathematischen Näherungen, die auf real gemessenen physiologischen Parametern beruhen, zumindest eine vorübergehende Abhilfe. Unabhängig vom verwendeten morphometrischen Modell zeigt sich, dass das Lungenwachstum vermutlich einer relativ komplexen, aus mehreren Phasen zusammengesetzten Dynamik unterliegt. In der wissenschaftlichen Literatur wird oftmals darauf hingewiesen, dass im Alter zwischen 10 und 15 Jahren ein sogenannter pubertärer Wachstumsspurt eintreten kann, da die Entwicklung von Körperstatur und Brustkorb nicht isomorph verläuft [18, 82]. Dieser durchaus bedeutende Umstand wird durch die oben beschriebenen Modelle nur unzureichend abgebildet, kann aber unter Zuhilfenahme zusätzlicher multiplikativer Korrekturfaktoren seine gebührende Berücksichtigung finden. Die Phase der Pubertät ist auch durch die allmähliche Trennung von männlichem und weiblichem Entwicklungsverlauf gekennzeichnet. Das Wachstum der weiblichen Lunge tritt sukzessive hinter jenes der männlichen Lunge zurück, so dass sich im Erwachsenenstadium ein Größenunterschied des respiratorischen Traktes von ungefähr 20 % ergibt. Die geschlechtsspezifischen Verläufe des Lungenwachstums finden nur ansatzweise ihren Eingang in die oben vorgestellten Modelle und bedürfen in näherer Zukunft einer weiteren Ergründung durch gezielte Experimente.

1.2.3 Definition morphometrischer Standardwerte

Aufgrund der zahlreichen mathematischen Näherungsverfahren, welche in den vergangenen Jahrzehnten für die menschliche Lungenmorphometrie entwickelt worden waren und zu einem teils nur noch schwer durchschaubaren Sammelsurium von Daten geführt hatten, sah sich die ICRP (International Commission on Radiation Protection) zur Definition von morphometrischen Standardwerten für alle möglichen Modellrechnungen veranlasst. Diese Daten wurden im Report Nr. 66 (Tab. B6-B16) veröffentlicht und dienen in erster Linie dazu, eine erhöhte Konsistenz zwischen den Resultaten unterschiedlicher Berechnungsmodelle zur Teilchendeposition, Partikelclearance oder Dosimetrie zu generieren. In Abb. 11 sind entsprechende Volumen-, Atmungs- und morphometrische Skalierungsdaten für jene vier Altersgruppen zusammengefasst, welche im Mittelpunkt der in Kapitel 3 vorgestellten Depositionsberechnungen stehen sollen.

Bei Vergleich von Abb. 11 mit Abb. 9 fallen teils erhebliche Differenzen der funktionellen Residualkapazitäten auf, was unter anderem darauf zurückzuführen ist, dass die Standardwerte der ICRP auf einer wesentlich größeren Grundgesamtheit basieren und zudem all jene Ethnien miteinbeziehen, für die spezifisches Datenmaterial aus Experimenten vorhanden ist. Bei den Volmendaten belaufen sich die Standardabweichungen im niedrigen Prozentbereich [18]. Mit dem altersbedingten Anstieg der funktionellen Residualkapazität geht eine kontinuierliche Zunahme des Tidalvolumens Hand in Hand, wobei der Quotient aus FRC und V_T (Tidalvolumen) im Laufe der Kindes- und Jugendentwicklung ebenfalls einer stetigen Vergrößerung unterliegt (Abb. 11).

Auch die Länge des Atmungszyklus (Inhalation, Atmungspause, Exhalation) erfährt eine permanente Steigerung mit fortschreitendem Alter. Während Kleinkinder in der Regel über eine erhöhte Atmungsfrequenz mit entsprechend geringem Inhalationsvolumen verfügen (schnelle flache Atmung), zeichnen sich ältere Probanden durch eine geringere Atmungsfrequenz und ein höheres Volumen der inhalierten Luft aus (langsame tiefe Atmung). Mit fortschreitendem Alter werden Ein- und Ausatmung durch eine Atmungspause unterbrochen, deren Länge vom Kindes- zum Erwachsenenstadium einer kontinuierlichen Zunahme unterliegt. Die Volumen- und Atmungswerte gelten im Allgemeinen für sitzende Tätigkeiten und erfahren bei entsprechender Anhebung der körperlichen Belastung (leichte Arbeit, schwere Arbeit) eine zum Teil deutliche Veränderung [10-18].

	1 Jahr	FRC: 244 cm^3 V_T: 102 cm^3 AZL: 1,39 s AP: 0,00 s SF: 0,353
	5 Jahre	FRC: 767 cm^3 V_T: 267 cm^3 AZL: 2,00 s AP: 0,00 s SF: 0,517
	10 Jahre	FRC: 1730 cm^3 V_T: 461 cm^3 AZL: 2,50 s AP: 0,00 s SF: 0,670
	15 Jahre	FRC: 2650 cm^3 V_T: 625 cm^3 AZL: 3,24 s AP: 0,50 s SF: 0,780

A11

Festlegung von Standardwerten für Lungenvolumina, Atmungsparameter sowie die morphometrische Skalierung bei vier unterschiedlichen Altersgruppen (1 y, 5 y, 10 y, 15 y). Die Volumen- und Inhalationsdaten sind dem Bericht Nr. 66 der ICRP [18] entnommen. Die Skalierungsfaktoren wurden unter Zuhilfenahme von Glg. (2) und eines Wertes für FRC_R von 3300 cm^3 kalkuliert. Abkürzungen: AP = Atmungspause, AZL = Atmungszykluslänge, FRC = funktionelle Residualkapazität, SF = Skalierungsfaktor, V_T = Tidalvolumen.

In der nachfolgenden Tab. 2 sind ausgewählte morphometrische Daten (Durchmesser und Längen der tubulären Strukturen in den Luftwegsgenerationen 0 bis 20) aufgelistet. Diese sollen einen konkreten Eindruck von der stetigen Veränderung der Lungengröße mit fortschreitendem Kindesalter vermitteln. Bei den angegebenen Zahlen handelt es sich durchweg um Mittelwerte, welche infolge der intra- und intersubjektiven Variabilität der

Lungenmorphometrie durch eine Unsicherheit von ± 10 % zu ergänzen sind. Aus den Daten geht recht klar hervor, dass die geometrischen Größen einem typischen Wachstumsverlauf mit steilerer Anfangs- und flacherer Endphase folgen. Innerhalb des jeweiligen Luftwegsbaumes erfahren sowohl Durchmesser als auch Länge eine exponentielle Abnahme, wobei sich die Funktion in Bezug auf ihre Form durch einen anfänglichen steilen Abfall und durch eine gewisse Konstanz in der Endphase auszeichnet. Grundsätzlich ist davon auszugehen, dass auch in der Kinderlunge bereits wesentlich mehr als 21 Luftwegsgenerationen auftreten können.

T2

LWG	1 y		5 y		10 y		15 y	
	D	L	D	L	D	L	D	L
0	7,77	43,07	11,37	63,07	14,74	81,74	17,16	95,16
1	5,44	14,61	7,96	21,40	10,32	27,74	12,01	32,29
2	4,38	7,22	6,41	10,57	8,31	13,69	9,67	15,94
3	3,64	5,47	5,33	8,01	6,90	10,38	8,03	12,08
4	3,05	5,27	4,47	7,72	5,79	10,01	6,74	11,65
5	2,64	3,87	3,87	5,66	5,02	7,34	5,84	8,54
6	2,20	3,05	3,22	4,47	4,17	5,80	4,85	6,75
7	1,93	2,70	2,83	3,95	3,66	5,12	4,27	5,96
8	1,55	2,17	2,27	3,19	2,95	4,13	3,43	4,81
9	1,26	1,90	1,85	2,79	2,39	3,61	2,78	4,20
10	0,96	1,57	1,41	2,31	1,83	2,99	2,13	3,48
11	0,74	1,33	1,09	1,95	1,41	2,53	1,65	2,95
12	0,60	1,11	0,88	1,63	1,15	2,11	1,33	2,46
13	0,50	0,97	0,74	1,42	0,96	1,84	1,12	2,15
14	0,44	0,84	0,65	1,24	0,84	1,60	0,98	1,86
15	0,40	0,81	0,58	1,18	0,76	1,53	0,88	1,79
16	0,36	0,78	0,53	1,14	0,69	1,48	0,80	1,72
17	0,35	0,78	0,51	1,15	0,66	1,49	0,76	1,73
18	0,39	0,73	0,57	1,07	0,74	1,39	0,86	1,61
19	0,38	0,69	0,55	1,01	0,72	1,31	0,83	1,52
20	0,37	0,67	0,54	0,98	0,70	1,27	0,81	1,47

Morphometrische Luftwegsdaten basierend auf dem stochastischen Lungenmodell, welches von Koblinger & Hofmann [94, 95] definiert wurde. Die einzelnen Werte (in mm) für Luftwegsdurchmesser (D) und -länge (L) wurden unter Zuhilfenahme der in Abb. 11 aufgelisteten Skalierungsfaktoren ermittelt (LWG = Luftwegsgeneration).

2 | Modelle zur Partikeldeposition in der menschlichen Lunge

Die Entwicklung geeigneter Lungenmodelle zur mathematischen Beschreibung von intrapulmonalem Teilchentransport und Partikeldeposition in den verschiedenen Regionen des respiratorischen Traktes reicht bis in die 1960er Jahre zurück. Zum damaligen Zeitpunkt veröffentlichte unter anderem E. Weibel sein Lungenmodell A [83], welches auf realen morphometrischen Daten beruht und auch heute noch zahlreiche Anwendungen findet. Das Modell skizziert einen tracheobronchialen Luftwegsbaum mit idealer Symmetrie (deterministischer Ansatz), bei dem alle tubulären Strukturen einer gegebenen Luftwegsgeneration durch identische geometrische Parameter gekennzeichnet sind. Dies hat freilich zur Folge, dass jedes inhalierte Partikel von der Trachea bis zu den terminalen Bronchiolen die gleiche Wegstrecke zurücklegt. Die Depositionswahrscheinlich des Teilchens ist dadurch in jedem Luftweg einer bestimmten Generation gleich hoch [96-104]. Das deterministische Lungenmodell erfuhr bis in die 1980er Jahre herauf eine stetige Weiterentwicklung, wobei man beispielweise begann, eine Differenzierung der Luftwegsgeometrie zwischen den einzelnen Lungenlappen vorzunehmen [105-110]. Dadurch ergab sich letztendlich eine gewisse Steigerung der auf den jeweiligen Lungenmodellen basierenden Aussagegenauigkeit.

In der Mitte der 1980er Jahre wurde vermehrt die Notwendigkeit zur Definition einer genaueren und realitätsnäheren Lungenarchitektur erkannt. Morphometrische Messdaten des menschlichen Respirationstraktes, welche mithilfe der Laserinterferometrie gewonnen worden waren, wurden einer ausführlichen statistischen Analyse unterzogen. Diese ergab unter anderem, dass geometrische Parameter wie Bronchiendurchmesser oder -länge in den einzelnen Luftwegsgenerationen näherungsweise einer Gauß'schen Normalverteilung folgen, die Lunge also demzufolge nach stochastischen Gesichtspunkten zu modellieren sei [94, 95]. Erste probabilistische Approximationen der Lungenstruktur datieren an die Wende von den 1980er zu den 1990er Jahren und repräsentierten die Grundlage für innovative Teilchendepositionsmodelle, mit deren Hilfe eine Variabilität der Partikelablagerung innerhalb einer spezifischen Luftwegsgeneration prädiziert werden konnte [104-106, 111-121].

Das stochastische Lungenmodell besitzt gegenüber der symmetrischen Näherung den Vorteil der wesentlich stärkeren Realitätsnähe, welche nicht nur durch die intrasubjektive Variabilität der geometrischen Parameter und die darauf beruhende Diversifikation der Teilchendeposition zum Ausdruck gelangt, sondern sich darüber hinaus in einer asymmetrischen und asynchronen Belüftung der einzelnen Lungenlappen widerspiegelt [87-90]. Jedes in den intrapulmonalen Luftstrom gelangende Partikel durchläuft einen individuellen Transportpfad von der Trachea zu den Alveolen, wobei es entlang dieser Trajektorie den Wirkungsbereich unterschiedlicher Depositionsmechanismen durchschreitet (Kap. 2.1.2). Das auf statistischen Daten und dem Zufallsprinzip basierende Lungenmodell hat bis in die Gegenwart herauf zahlreiche Weiterentwicklungen erfahren, so dass es mittlerweile bei einer Vielzahl an theoretischen Fragen der Lungenmedizin seine Berücksichtigung findet [111-121]. Modellrechnungen auf der Grundlage einer probabilistischen Lungenarchitektur werden unter anderem erfolgreich zur Konzeption neuer Inhalationsexperimente oder zur Optimierung von Inhalationstherapien herangezogen. Zudem können theoretische Kalkulationen überall dort zum Einsatz gelangen, wo der experimentelle Ansatz aus Ermangelung an Probanden oder ethnischen Gründen zum Scheitern verurteilt ist [122-125]. dazu zählen verschiedenste Simulationen an Kindern, welche gerade in jungen Jahren eine eher schwer zu handhabende Versuchsgruppe darstellen (Abb. 12).

Das stochastische Lungenmodell wurde in näherer Vergangenheit nicht nur für die Simulation beziehungsweise Prädiktion der Teilchendeposition im menschlichen Respirationstrakt herangezogen, sondern erfüllte darüber hinaus noch eine Vielzahl anderer Zwecke. So stellte es beispielsweise die Grundlage für ausführliche theoretische Studie im Zusammenhang mit der Inhalation von Aerosolboli dar. Darunter versteht man definierte Aerosolvolumina mit festgelegten Partikelkonzentration, welche zu einem bestimmten Zeitpunkt in den eingeatmeten Luftstrom injiziert werden. Die Aerosolpeaks erfahren im Zuge ihres intrapulmonalen Transports eine kontinuierliche Verbreiterung (Aerosolbolus-Dispersion), deren Ausmaß in erster Linie von der Luftwegs- und Alveolenmorphometrie abhängt. So kann das Bolus-Verfahren in weiterer Folge für die Diagnostik von chronisch obstruktiven Lungenerkrankungen oder krankhaften Vergrößerungen des alveolären Luftvolumens (Emphysem) herangezogen werden [55, 56, 58]. Als weiterer wichtiger Anwendungsbereich der stochastischen Lungenstruktur gilt die Simulation der Teilchenclearance, welche ein körpereigenes Abwehrsystem repräsentiert und die Lunge vor allmählicher Überladung mit inhalierten und abgelagerten Partikeln schützt. Die Clearance lässt sich je nach betrachteter Lungenregion in verschiedene Phasen unterteilen, welche schnelle und langsame Reinigungsprozesse umfassen. Die theoretische Erfassung der Lungenreinigung spielt bei der Risikoabschätzung unterschiedlicher Teilchengruppen (ultrafeine Partikel, Stäube, Bioaerosole usw.) eine essenzielle Rolle [60-67].

In jüngster Vergangenheit wurde immer wieder der Versuch einer Beschreibung der Lunge mithilfe der Chaostheorie unternommen. Hierbei konnten sehr vielversprechende Ergebnisse erzielt werden, welche darauf schließen lassen, dass die theoretische Darstellung der Struktur des respiratorischen

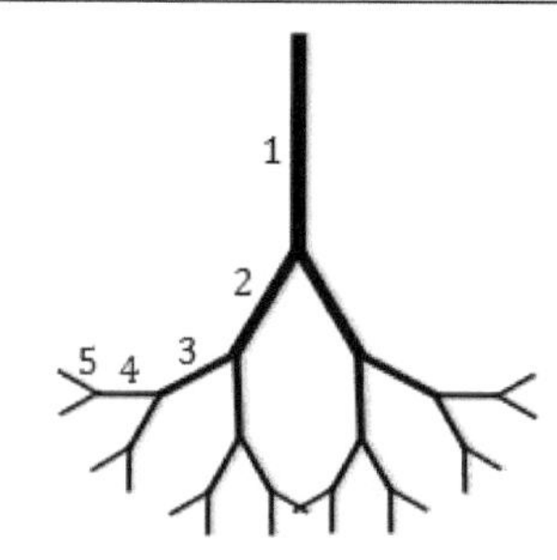

deterministisches Lungenmodell

stochastisches Lungenmodell

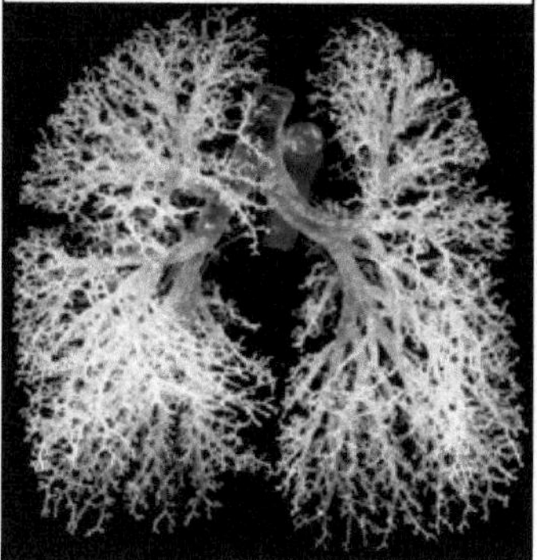

A12

Verschiedene Modelle der menschlichen Lunge: Die symmetrische beziehungsweise deterministische Näherung zeichnet sich durch konstante geometrische Parameter innerhalb einer gegebenen Luftwegsgeneration aus. Beim asymmetrischen beziehungsweise stochastischen Ansatz liegt eine stärkere Diversifikation von Luftwegslänge und -durchmesser vor (intrasubjektive Variabilität). Das untere Bild zeigt einen Kunststoffabguss einer erwachsenen Lunge, bei welchem die deutlichen Schwankungen der Luftwegsgeometrie besser ersichtlich werden.

Traktes noch keinen Abschluss gefunden hat, sondern einer stetigen Weiterentwicklung unterliegt. Neben einer umfangreichen Deskription des Atmungsorgans mithilfe der Fraktalgeometrie hat es sich als zweckmäßig erwiesen, chaotische Verteilungen, wie sie etwa durch die Verhulst-Dynamik entstehen, in den Modellbildungsprozess miteinzubeziehen [126, 127].

2.1.1 Modell zur Generierung der stochastischen Lungenarchitektur

Das in den 1990er Jahren entwickelte stochastische Lungenmodel ist so konzipiert, dass die Struktur des tracheobronchialen Luftwegsbaumes Pfad für Pfad konstruiert wird. Am Ende steht ein aus unzähligen Bronchien und Bronchiolen zusammengesetztes Gebilde, welches für weitere Simulationen beziehungsweise Prädiktionen (Partikeldeposition, Clearance, Aerosolbolus-Inhalation) genutzt werden kann [94, 95].

Die morphometrischen Daten der obersten Luftwegsgenerationen sind fix vorgegeben, unterliegen in der Regel jedoch einer deutlichen intersubjektiven Variabilität (Kap. 1). Nach Eintritt der Bronchien in die einzelnen Segmente der Lungenlappen beginnt das stochastische Modell richtig zu greifen, wobei generationsspezifische Verteilungen der Luftwegsdurchmesser, tubulären Längen, Verzweigungswinkel an den Bifurkationen und Gravitationswinkel als Grundlage für alle weiteren Berechnungen dienen. Der Gravitationswinkel bezeichnet im Allgemeinen die Orientierung eines gegebenen Luftwegs relativ zur Fallrichtung und ist für die dreidimensionale Ausgestaltung der Lunge von erhöhter Bedeutung. Alle geometrischen Parameter zeichnen sich in den einzelnen Luftwegsgenerationen idealerweise durch eine Normalverteilung aus, welche anhand der Gauß'schen Glockenkurve zur mathematischen Darstellung gebracht werden kann (Abb. 13). Jede Normalverteilung ist durch entsprechende Lage- und Streuungsparameter (Mittelwert, Median, Modus, Varianz, Standardabweichung) definiert, die in weiterer Folge beispielsweise in die Fehlerfortpflanzungsberechnungen mitaufgenommen werden können.

Um auf Basis der Normalverteilungen eine geeignete Modellierung der Lungenstruktur vornehmen zu können, sind sogenannte Wahrscheinlichkeitsdichtefunktionen zu generieren, welche die durch die Gauß'sche Glockenkurve definierten Auftrittswahrscheinlichkeiten sukzessive aufaddieren (Summenkurven). Dies hat normalerweise einen S-förmigen (sigmoidalen) Funktionsverlauf zur Folge, der jedoch durch eine logarithmische Transformation der X-Achse begradigt werden kann. Es entsteht schlussendlich eine homogene lineare Funktion, deren Y-Werte von 0 bis 1 reichen (Abb. 12). Damit ist schlussendlich die Voraussetzung zur Erstellung eines auf dem Zufallsprinzip basierenden tracheobronchialen Luftwegsbaumes gegeben. Die oben genannte Wahrscheinlichkeitsdichtefunktion ist für jede Luftwegsgeneration und hier wiederum für jeden geometrischen Parameter zu erstellen, was freilich einigen rechnerischen Aufwand erfordert, jedoch in Zeiten von Hochleistungscomputern keine großartige Schwierigkeit mehr darstellt.

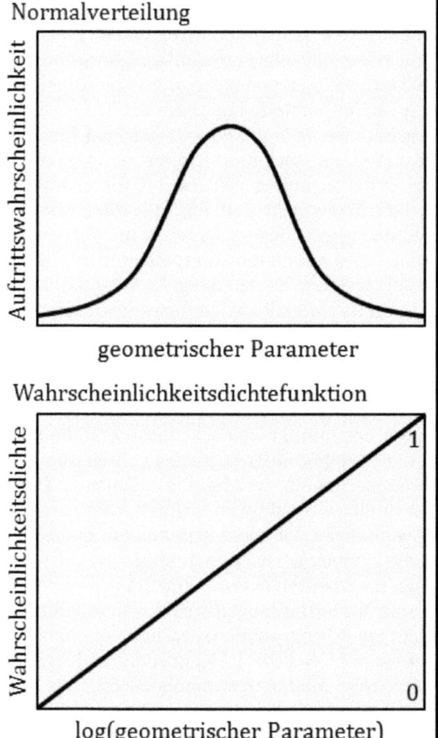

A13

Oben: Normalverteilung einzelner geometrischer Parameter innerhalb einer gegebenen Lungengeneration, welche durch intensive statistische Auswertung morphometrischer Daten gewonnen werden kann und durch die Gauß'sche Glockenkurve definiert wird.

Unten: Wahrscheinlichkeitsdichtefunktion des betreffenden geometrischen Parameters, die mit ihren Ordinatenwerten von 0 bis 1 reicht und damit als Basis für eine nach dem Zufallsprinzip gestaltete Lunge dient.

Um innerhalb einer einzelnen Luftwegsgeneration eine zufällige Verteilung der betreffenden Luftwegsparameter herbeiführen zu können, bedient man sich im Allgemeinen des sehr simple funktionierenden Prinzips der reellen Zufallszahl, welche Werte von 0 bis 1 anzunehmen vermag und mithilfe eines Zufallszahlgenerators ermittelt wird. Heutzutage verfügt praktisch jedes Kalkulationsprogramm über eine derartige Funktion, welche sich jedoch oftmals bei näherer Betrachtung als eher unzuverlässig herausstellt (Pseudozufallszahlgenerator).

Die zwischen 0 und 1 variierenden Zufallszahlen werden unter Zuhilfenahme des in Abb. 12 vorgestellten Wahrscheinlichkeitsdichtediagramms zur Ermittlung entsprechender Werte für die einzelnen geometrischen Parameter herangezogen, wobei Beträge nahe bei 0 niedrige Werte, Beträge nahe bei 1 hingegen hohe Werte liefern. Für jedes tubuläre Element innerhalb des trachealen Luftwegsbaumes werden alle notwendigen morphometrischen Daten nach derselben Methode gewonnen, so dass schlussendlich eine gänzlich nach dem Zufallsprinzip gestaltete Lunge entsteht.

Die Konstruktion des Luftwegsbaumes erfolgt in der Regel Pfad für Pfad. Dies bedeutet, dass die Trachea stets als Startpunkt fungiert und von dieser aus alle weiteren Berechnungen durchgeführt werden, bis die alveolären Gänge mit ihren Abschlussstrukturen erreicht sind. Für die ersten bronchialen Luftwegsgenerationen werden jeweils feste geometrische Werte angenommen, während die nachfolgenden tubulären Komponenten zur Gänze nach dem Zufallsprinzip realisiert werden. Nachdem ein Luftwegspfad vollständig generiert worden ist, kehrt das Modell an den Ausgangspunkt (Luftröhre) zurück, um den nächsten Pfad zu konstruieren. Dieser Vorgang wird mehrere tausend Mal wiederholt, so dass sich eine möglichst dichte und deutlich an die Realsituation angelehnte Struktur ergibt (Abb. 12).

Natürlich muss das Modell auch über entsprechende Regeln verfügen, die ein mehrmaliges Durchschreiten bestimmter Pfadabschnitte erlauben, um eine komplexe Ausgestaltung der peripheren Bereiche des Luftwegsbaumes erreichen zu können. Gerade diese Region, welche alle möglichen Typen von Bronchiolen und andere tubuläre Strukturen umfasst, zeichnet sich durch zum Teil deutliche Schwankungen der geometrischen Parameter aus [18, 94, 95]. Dadurch werden die zumeist höchst unregelmäßigen Luftwegsgestalten in den einzelnen Lungensegmenten hervorgebracht.

Für die Konstruktion einer zufallsbasierten Lungenstruktur empfiehlt sich ein Computerprogramm, das auf einer Programmiersprache mit hohem mathematischen Anwendungspotenzial (z. B. FORTRAN) gründet und sich aus mehreren getrennt manipulierbaren Modulen zusammensetzt. Das Programm bezieht dabei seine Daten aus speziellen externen Files, welche fortlaufend aktualisiert werden können, ohne dass direkter Einfluss auf den Programmalgorithmus genommen werden muss. Letzterer ist jedoch durch die angesprochene Modulgestaltung der Software mit relativ geringem Zeitaufwand modifizierbar und unterliegt somit einem ständigen Verbesserungs- und Verfeinerungsprozess. Es darf im Rahmen dieser kurzen Darstellung nicht unerwähnt bleiben, dass man auch mit kommerzieller Kalkulationssoftware (z. B. MS-EXCEL) mittlerweile zur theoretischen Konstruktion einer stochastischen Lungenstruktur befähigt ist, sich jedoch einige Probleme bei der Generierung von Zufallszahlen ergeben.

2.1.2 Partikeltransport und -deposition in der stochastischen Lunge

Jene Partikel, welche im Zuge des Atmungsprozesses durch die einzelnen Strukturen des stochastischen Lungenbaums transportiert werden, geraten in das Wirkungsfeld unterschiedlicher Depositionsmechanismen. Grundsätzlich können in den Luftwegen und Lungenbläschen vier physikalische Prozesse differenziert werden, die eine Ablagerung der Teilchen auf der epithelialen Oberfläche hervorrufen. Diese umfassen die Impaktion, die Interzeption, die Sedimentation und die Brown'sche Bewegung (Diffusion). Wie in weiterer Folge noch demonstriert werden soll, hängt die Intensität der einzelnen Mechanismen von zahlreichen physikalischen Größen ab, welche Eingang in entsprechende empirische oder analytische Formeln gefunden haben. Es kann hier jedoch bereits vorab angemerkt werden, dass jeder Prozess in bestimmten Lungenregionen mit erhöhter Wahrscheinlichkeit auftritt, in anderen Bereichen des respiratorischen Traktes hingegen nur eine untergeordnete Rolle spielt (Abb. 14) [18, 94, 95, 128-144].

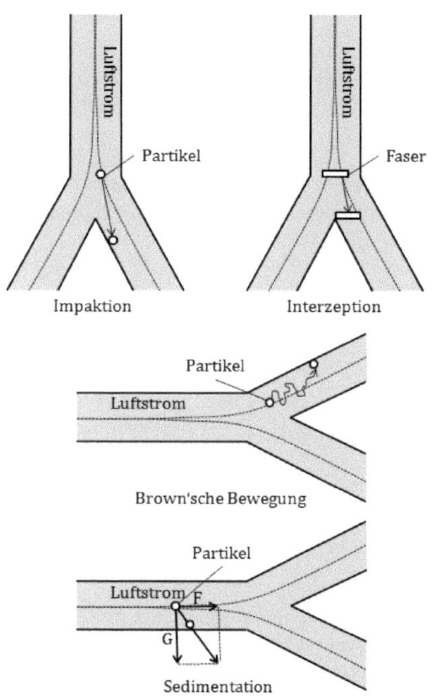

A14

Bildliche Zusammenfassung jener vier Mechanismen, welche eine Ablagerung inhalierter Teilchen an Luftwegs- und Alveolenwänden hervorrufen. Hier können neben der Impaktion und Interzeption noch die Brown'sche Bewegung (Diffusion) und Sedimentation unterschieden werden.

Die Impaktion repräsentiert einen Depositionsmechanismus, welcher in erster Linie auf der Trägheit der Partikel gründet, also bei Teilchen mit höherer Masse (Dichte) eine stärkere Wirkung als bei Teilchen mit niedrigerer Masse (Dichte) entwickelt. Bei der Inhalation werden winzige Objekte der Umgebungsluft von einer Strömung erfasst und mit deren Hilfe in die einzelnen Lungenregionen verfrachtet. An den jeweiligen Luftwegsbifurkationen unterliegt die eingeatmete Luftströmung einem raschen Richtungswechsel, welcher von den mitgetragenen Partikeln aufgrund der Trägheit oftmals nicht vollständig mitvollzogen wird. Die Teilchen geraten dann auf eine zur Strömungskurve tangentiale Bahn, die in Richtung bronchiale Wand orientiert ist und einen entsprechenden Depositionsvorgang zur Folge hat (Abb. 15) [16, 18, 94, 95].

Aus mathematischer Sicht lässt sich die durch Impaktion hervorgerufene Depositionswahrscheinlichkeit eines Partikels (P_I) unter Zuhilfenahme der Gleichung

$$P_I = 1 - (2 \, / \, \pi) \cdot \cos^{-1}(\theta \cdot St) + (1 \, / \, \pi) \cdot \sin[2 \cdot \cos^{-1}(\theta \cdot St)] \qquad (7)$$

ermitteln. Dabei repräsentiert θ den Verzweigungswinkel der Luftwegsbifurkation, wohingegen St die Stokes-Zahl bezeichnet. Letztere findet anhand der mathematischen Formel

$$St = [\rho_T \cdot (d_T \cdot \beta^{1/3})^2 \cdot v] \, / \, 18\mu \cdot D \qquad (8)$$

ihre Darstellung, wobei ρ_T die Teilchendichte, d_T den Teilchendurchmesser, β die aspect ratio, v die mittlere Partikelgeschwindigkeit, μ die dynamische Viskosität der Luft und D den Luftwegsdurchmesser abbilden.

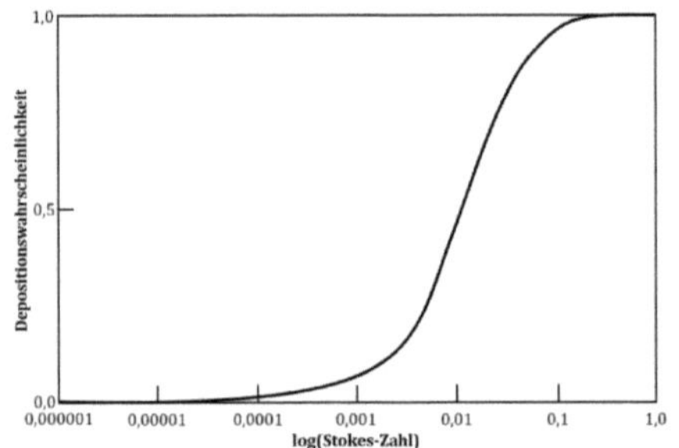

A15

Abhängigkeit der durch Impaktion hervorgerufenen Depositionswahrscheinlichkeit von der Stokes-Zahl.

Wie dem obigen Grafen sehr klar zu entnehmen ist, wächst die durch Impaktion hervorgerufene Depositionswahrscheinlichkeit inhalierter Partikel mit der Stokes-Zahl an, welche ihrerseits wiederum von verschiedenen Teilchen- und Strömungsgrößen abhängt. Generell kann aus den zuvor getätigten Erläuterung geschlussfolgert werden, dass große Partikel, die mit hoher Geschwindigkeit in den respiratorischen Trakt gelangen und dort eine Stelle mit signifikantem Richtungswechsel der Luftströmung erreichen, mit nahezu 100%iger Wahrscheinlichkeit zur Deposition gelangen. Kleine Teilchen hingegen können sich fast vollständig aus dem Wirkungsbereich der Impaktion entziehen. Dies gilt freilich auch, wenn die Partikel in einer langsamen (laminaren) Luftströmung transportiert werden. Auf die Struktur des tracheobronchialen Luftwegsbaumes umgelegt bedeutet dies, dass impaktionsbezogenen Ablagerungswahrscheinlichkeiten in den obersten bronchialen Generationen zu beobachten sind, wohingegen die Bronchiolen kaum von diesem Depositionsmechanismus erfasst werden (Abb. 15) [16].

Bei der Interzeption handelt es sich im Allgemeinen um einen Depositionsmechanismus, dessen Wirkung auf anisometrische Partikel (Stäbchen, Plättchen, Aggregate) beschränkt bleibt. Derartige Teilchen zeichnen sich im inhalierten Luftstrom je nach Position relativ zu den Strömungslinien durch die Entwicklung eines mehr oder minder starken Drehmoments aus, welches eine teils intensive Partikelrotation zur Folge hat [145-153]. Diese Drehbewegung führt im Bereich von Luftwegsbifurkationen und sehr schmalen Bronchiolen dazu, dass die Teilchenenden in unmittelbare Nähe der epithelialen Oberfläche gelangen oder jene sogar berühren, wodurch schlussendlich ein Depositionsereignis eingeleitet wird (Abb. 14).

Vom mathematischen Standpunkt her kann die auf der Interzeption beruhende Ablagerungswahrscheinlichkeit von inhalierten Partikeln (P_{Iz}) nach der Gleichung

$$P_{Iz} = a \cdot \exp[-\exp(b - c \cdot St)] \tag{9}$$

berechnet werden, wobei St wiederum die Stokes-Zahl (Glg. (8)) bezeichnet, während a, b und c Koeffizienten mit den Werten 0,8882, 1,6529 und 4,7769 repräsentieren [18, 128-132].

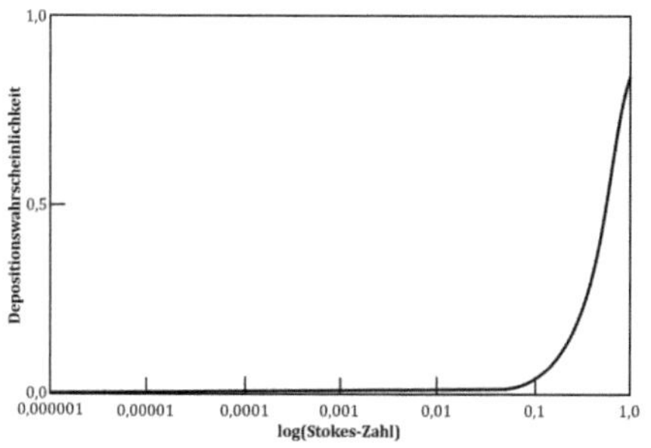

A16

Abhängigkeit der durch Interzeption verursachten Depositionswahrscheinlichkeit anisometrischer Teilchen von der Stokes-Zahl.

Ähnlich wie bei der Impaktion kann auch bei der Interzeption ein Anstieg der Depositionswahrscheinlichkeit mit der Stokes-Zahl beobachtet werden. Dieser erreicht jedoch erst ab einem Wert der Stokes-Zahl von 0,1 eine gewisse Signifikanz. Für Beträge von St größer als 1,0 nähert sich die Probabilität dem Wert 1 an. Grundsätzlich lässt sich hier anmerken, dass die Interzeption insbesondere bei jenen Partikeln, die sehr stark von der Kugelform abweichen, eine bedeutende Rolle spielt. Weitere maßgebliche Einflussgrößen sind die Teilchengeschwindigkeit, welche in einem direkt-proportionalen Verhältnis zur Rotationsgeschwindigkeit steht, und die Dimensionen der durchströmten Luftwege. Die Interzeption besitzt sowohl in den proximalen als auch in den distalen Lungenstrukturen eine zählbare Relevanz, wobei in den oberen Luftwegen die Strömungsgeschwindigkeit, in den unteren Luftwegen hingegen die bronchiolären Durchmesser übergeordnete Bedeutung haben (Abb. 16) [16, 128-132].

Der Depositionsmechanismus der Sedimentation beruht auf der Tatsache, dass die eingeatmeten Partikel ganz unabhängig von ihrem Transport in den Luftwegen von der Gravitation erfasst werden, welche sie nach unten zieht. Jene durch den Luftstrom auf die Teilchen übertragene Kraft, die zu deren Beschleunigung in den bronchialen Strukturen führt, bildet mit der Schwerkraft ein einfaches physikalisches System, aus welchem sich unter Anwendung der Regeln des Kräfteparallelogramms die Bewegung des Objektes ableiten lässt (Abb. 14).

Aus der Perspektive der Mathematik kann die Depositionswahrscheinlichkeit für die Sedimentation (P_S) in tubulären Strukturen mithilfe der Formel

$$P_S = 1 - \exp[-\,(4 \cdot g \cdot C_C \cdot r_T{}^2 \cdot L \cdot \sin\varphi)\,/\,(9 \cdot \pi \cdot \mu \cdot R \cdot v)] \qquad (10)$$

zum Ausdruck gebracht werden. Dabei bezeichnen g die Fallbeschleunigung (9,81 m s^{-2}), C_C den Cunningham-Korrekturfaktor (Kap. 2.2), r_T den Partikelradius, L die Länge des Luftweges, φ die Neigung des betrachteten Tubus relativ zur Richtung der Schwerkraft, μ die dynamische Viskosität der Luft, R den Radius des Luftweges und v die mittlere Geschwindigkeit des Strömungsmediums. In den alveolären Kompartimenten wird die von der Sedimentation abgeleitete Depositionswahrscheinlichkeit durch die Gleichung

$$P_S = 0{,}5 \cdot (v_S \cdot t\,/\,2R) \cdot [3 - (v_S \cdot t\,/\,2R)^2] \qquad (11)$$

für den Fall $t < 2R\,/\,v_S$ beschrieben, wobei v_S die terminale Sedimentationsgeschwindigkeit, t hingegen die Verweildauer des Partikels in der Alveole repräsentiert. Für den Fall $t \geq 2R\,/\,v_S$ nimmt die Wahrscheinlichkeit den Wert 1 an [16, 18].

Wie sich anhand der nachfolgenden Abbildung recht gut nachzeichnen lässt, spielt die Sedimentation bei Partikeln mit einem Durchmesser unter 1 µm eine eher untergeordnete Rolle, wohingegen größere Teilchen sehr wohl in den Wirkungsbereich dieses Depositionsmechanismus geraten können. Ein optimaler Effekt kann vor allem dann erzielt werden, wenn die inhalierten Partikel mit niedriger Geschwindigkeit durch eine horizontal orientierte Bronchiole strömen oder durch eine lange Verweildauer in den Alveolen gekennzeichnet sind (lange Atempause; Abb. 17).

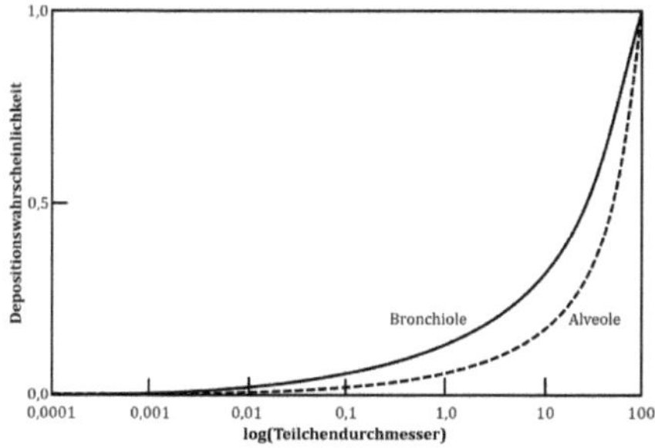

A17

Durch den Mechanismus der Sedimentation hervorgerufene Depositionswahrscheinlichkeit und ihre Abhängigkeit von der Teilchengröße.

Der Depositionsmechanismus der Brown'schen Bewegung oder Diffusion beruht auf der Tatsache, dass Partikel während ihres Transports durch die verschiedenen Regionen des respiratorischen Traktes einer ständigen Kollision mit umgebenden Luftmolekülen ausgesetzt sind. Diese Interaktion hat die immerwährende Aufnahme von Impulsenergie zur Folge, wodurch das Teilchen letztendlich aus seiner Transportbahn (Trajektorie) herausgestoßen werden kann. Da die Kollisionsereignisse nach dem Zufallsprinzip erfolgen, führt das Partikel zusätzlich zu seiner parallel zum Luftstrom stattfindenden Bewegung noch eine chaotische Bewegung aus, welche im Idealfall dessen Auftreffen auf der epithelialen Oberfläche bewirkt. Die durch Diffusion hervorgerufene Teilchenwanderung ist natürlich umso wirkungsvoller, je kleiner das betrachtete partikuläre Objekt ist [128-132].
Die mathematische Darstellung der durch die Brown'sche Bewegung erzeugten Depositionswahrscheinlichkeit (P_D) gestaltet sich relativ komplex. Im Falle einer tubulären Lungenstruktur findet hier im Allgemeinen die Gleichung

$$P_D = 1 - \Sigma a_i \cdot \exp(-b_i \cdot x) - a_4 \cdot \exp(-b_4 \cdot x^{2/3}) \tag{12}$$

ihre Anwendung, in welcher a_i und b_i entsprechende Koeffizienten repräsentieren ($a_1 = 0{,}819$, $a_2 = 0{,}098$, $a_3 = 0{,}033$, $a_4 = 0{,}051$, $b_1 = 7{,}315$, $b_2 = 44{,}61$, $b_3 = 114{,}0$, $b_5 = 79{,}31$) [95], während x eine Funktion der Form

$$x = L \cdot Dk / (2R^2 \cdot v) \tag{13}$$

darstellt. Darin bezeichnen L die Länge des Luftwegs, Dk den Diffusionskoeffizient, R den Radius der tubulären Struktur und v die mittlere Geschwindigkeit des durchströmenden Mediums. Im Falle einer sphärischen Struktur lässt sich die Depositionswahrscheinlichkeit nach der Gleichung

$$P_S = 1 - (6 / \pi^2) \cdot \Sigma(1 / n^2) \cdot \exp(-Dk \cdot n^2 \cdot \pi^2 \cdot t / R^2) \qquad (14)$$

bestimmen, wobei n einen von 1 bis ∞ laufenden Koeffizienten repräsentiert. Die Variable R bezeichnet in diesem Fall den Radius der sphärischen Struktur.

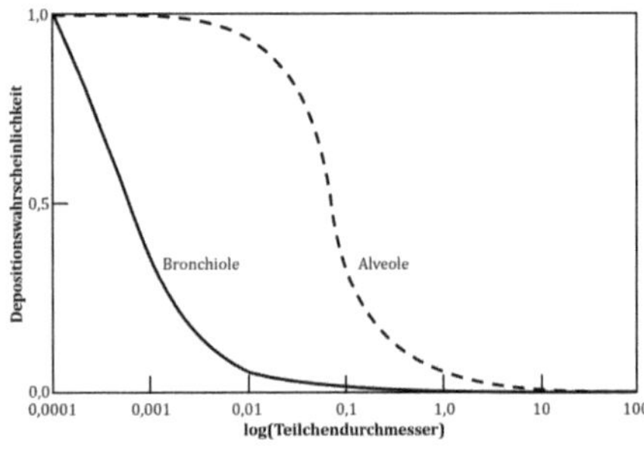

A18

Der Depositionsmechanismus der Brown'schen Bewegung und seine Abhängigkeit von der Teilchengröße.

Aus der oberen Abbildung kann eindeutig herausgelesen werden, dass die Brown'sche Bewegung insbesondere sehr kleine Teilchen erfasst, deren Diffusionskoeffizienten im Vergleich zu größeren Partikeln wesentlich höhere Werte einzunehmen vermögen. Die durch den Diffusionsmechanismus hervorgerufene Depositionseffizienz wird auch durch eine Anhebung der Verweildauer des Teilchens in der jeweiligen Lungenstruktur gesteigert. Zuletzt muss in diesem Zusammenhang noch erwähnt werden, dass die diffusive Wirkung in kleineren Elementen des respiratorischen Traktes (Bronchiolen, Alveolen) wesentlich ausgeprägter als in großen Elementen ist (Abb. 18) [16, 18].

Zusammenfassend kann im Rahmen dieses kurzen Überblicks festgehalten werden, dass die vier beschriebenen Depositionsmechanismen je nach Teilchengröße und betrachteter Lungenregion ganz unterschiedliche Wirkungen zur entfalten vermögen. Grundsätzlich leitet sich die für eine gegebene Partikelart prädizierte Gesamtdeposition in der Lungenstruktur von den einzelnen Ablagerungswahrscheinlichkeiten ab, wobei spezielle, hier nicht näher erläuterte Formeln zur Deskription der möglichen Wechselwirkung verschiedener Mechanismen angewendet werden [16, 18, 94, 95].

2.2 Approximation der Teilchenform

Die Partikel der Umgebungsluft zeichnen sich in der Regel durch ein sehr breites Spektrum an physikalischen und chemischen Eigenschaften aus. Für eine möglichst genaue Vorhersage der Deposition solcher Teilchen in der menschlichen Lunge ist es zunächst wichtig, detaillierte Informationen zur Partikelgeometrie zu sammeln. Grundsätzlich können sphärische (kugelförmige) Teilchen von nichtsphärischen unterschieden werden, wobei erstgenannte Kategorie in der Natur wesentlich seltener als letztgenannte auftritt. Vor allem flüssige Schwebepartikel nehmen zur Erlangung eines optimalen Oberflächen-Volumen-Verhältnisses die Kugelform an, aber auch manche biogenen Teilchen wie Viren, Bakterien, Sporen oder Pollen können sich dieser Idealgeometrie bemächtigen. Bei Inhalationsexperimenten, welche zur genaueren Erforschung der Lungenstruktur oder zur Diagnose von Krankheiten des respiratorischen Systems entwickelt werden, gelangen oftmals künstliche Partikel mit sphärischer Form zur Anwendung, da sich deren aerodynamisches Verhalten im inhalierten Luftstrom am besten beeinflussen und messen lässt [15, 18, 138-140]].

Wie bereits oben angesprochen wurde, weichen die meisten Teilchen der Umgebungsluft zum Teil sehr deutlich von der Kugelgeometrie ab. Zahlreiche Partikel zeichnen sich dabei durch eine längliche Form (prolate Geometrie), andere wiederum durch eine Plättchenform (oblate Geometrie) aus. Zur ersten Gruppe zählen unter anderem alle Arten von natürlichen und künstlichen Fasern oder Härchen, zur zweiten hingegen insbesondere solche Teilchen, deren Entstehung auf diverse mechanische Prozesse wie Sägen, Schleifen oder Polieren zurückgeführt werden kann. Diese Partikel werden häufig unter dem Begriff „Staub" zusammengefasst, sind jedoch klar von jenen vornehmlich biogenen Teilchen des Hausstaubes zu trennen. Sowohl prolate als auch oblate Teilchengeometrien können mittlerweile in Bezug auf ihr Transportverhalten in der menschlichen Lunge hinlänglich genau beschrieben werden. Dabei sind zwar einige Simplifikationen vorzunehmen, diese wirken sich aber nur sehr marginal auf die Simulationsergebnisse und die darauf gründenden Prädiktionen der Partikeldeposition aus [16, 18, 112-115].

Eine weitere Partikelgruppe ist durch die Ausbildung sogenannter Aggregate oder Agglomerate gekennzeichnet, welche beide über sehr unregelmäßige Formen verfügen können. Aggregate setzten sich aus zahlreichen winzigen Komponenten zusammen, die ein festes, in seiner Struktur unveränderbares Gefüge erzeugen, wohingegen Agglomerate ebenfalls aus einer Vielzahl kleinerer Einheiten bestehen, die jedoch nur lose aneinandergebunden sind [154-157]. Als wohl am besten beschriebene Aggregate gelten die bei spezifischen Verbrennungsprozessen erzeugten Dieselpartikel, welche Größen zwischen 50 und 250 µm erreichen und gemäß elektronenmikroskopischen Untersuchungen Kompositionen aus Unmengen kleinerer sphärischer Teilchen darstellen [158-231]. Zu den Agglomeraten zählen unter anderem feinste, ineinander verwobene Fasern oder Partikel, die infolge ihrer Hygroskopizität mit einer Hülle aus Wassermolekülen umgeben sind. Aggregate und Agglomerate können als mehr oder weniger isometrische Cluster, aber auch als ketten- oder plättchenförmige Objekte auftreten. In all den genannten Fällen besteht die Möglichkeit einer mathematischen Approximation der Teilchenform, so dass entsprechende Depositionssimulationen mit derartigen Teilchen durchgeführt werden können [154-157].

2.2.1 Sphärische Partikel

Zu Beginn der Betrachtung sollen die kugelförmigen Partikel stehen, da deren Handhabung bei Modellrechnungen am simpelsten ist. Grundsätzlich können hier Teilchen des Mikrometerbereiches von solchen des Nanometerbereiches unterschieden werden. Die der ersten Kategorie zuzuordnenden Objekte weisen Durchmesser über 1 µm auf, wohingegen Objekte der zweiten Kategorie durch Diameter unter 0,1 µm (100 nm) gekennzeichnet sind [158-231]. Jene Partikel der von 0,1 µm bis 1 µm reichenden Submikrometerskala stechen in der Regel durch ihre besonderen aerodynamischen Eigenschaften hervor und werden deshalb oftmals als eigene Gruppe betrachtet [16, 18, 138-140].

Ein auf das aerodynamische Verhalten kugelförmiger Partikel maßgeblich Einfluss nehmender physikalischer Faktor ist die Teilchendichte (ρ), welche den Quotienten aus Partikelmasse (m) und -volumen (V) repräsentiert. Eine gebührende Berücksichtigung findet diese Größe durch die Definition des sogenannten aerodynamischen Teilchendurchmessers (d_{ae}). Dabei handelt es sich im Allgemeinen um den Diameter einer Kugel mit Einheitsdichte (1 g cm^{-3}), welche exakt die gleichen aerodynamischen Eigenschaften wie das betrachtete Partikel aufweist. Mathematisch lässt sich dieser Sachverhalt durch die Formel

$$d_{ae} = d_{\ddot{A}v} \cdot \rho^{0,5} \qquad (15)$$

zum Ausdruck bringen, wobei $d_{\ddot{A}v}$ den Äquivalenzvolumendurchmesser bezeichnet. Dieser korrespondiert mit dem Diameter einer Kugel mit dem gleichen Volumen wie das betrachtete Teilchen. Wenn man beispielsweise den aerodynamischen Durchmesser eines sphärischen Goldteilchens (ρ = 19,3 g cm^{-3}) mit einer Größe von 1 µm ermitteln möchte, erhält man laut obiger Gleichung wegen $d_{\ddot{A}v}$ = 1 µm einen Wert von 4.39 µm. In Worten ausgedrückt bedeutet dies nichts anderes, als dass sich ein 1 µm großes Goldteilchen aerodynamisch genauso wie ein 4,39 µm großes Partikel mit Einheitsdichte verhält (Abb. 19).

In der Grafik der Abb. 18 sind nochmals jene Durchmesser zusammengefasst, welche im Zusammenhang mit kugelförmigen Teilchen eine wesentliche Rolle spielen. Grundsätzlich lässt sich festhalten, dass für Partikel mit
Einheitsdichte der einfache Zusammenhang $d_T = d_{Äv} = d_{ae}$ gilt, wobei d_T den
Teilchendurchmesser bezeichnet. Mit steigender Dichte des Objektes kann
gemäß Glg. (15) auch eine entsprechende Steigerung des aerodynamischen
Durchmessers beobachtet werden, während der Äquivalenzvolumendurchmesser davon unbeeinflusst bleibt. Im Falle inhomogen zusammengesetzter
Partikel ist anstelle einer einheitlichen Dichte ein durchschnittlicher Wert
für das spezifische Gewicht anzugeben. Durch die Standardabweichung zum
Ausdruck gebrachte Schwankungen dieses Mittelwertes finden in einer entsprechenden Variation des aerodynamischen Durchmessers ihren Nieder-
schlag.

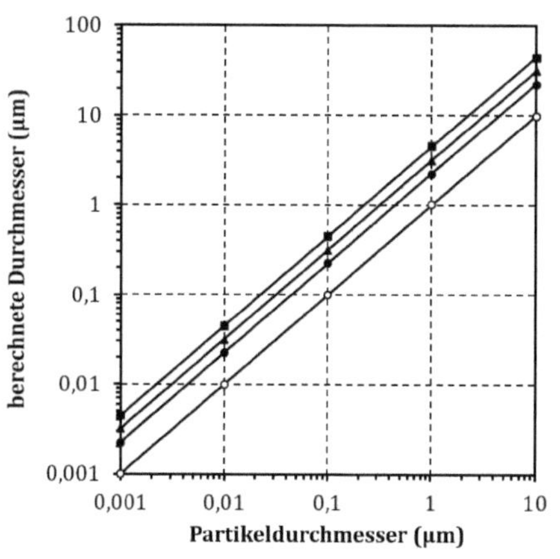

A19

Diagramm zur Veran-
schaulichung des Zusam-
menhangs zwischen Par-
tikeldurchmesser und ver-
schiedenen berechneten
Diametern für Teilchen
mit kugelförmiger Geome-
trie ($\circ = d_{Äv}$, $\bullet = d_{ae}$ für $\rho =$
5 g cm^{-3}, $\blacktriangle = d_{ae}$ für $\rho = 10$
g cm^{-3}, $\blacksquare = d_{ae}$ für $\rho = 20$ g
cm^{-3}).

2.2.2 Teilchen mit prolate und oblater Geometrie (Fasern und Plättchen)

Jene Partikel, welche mehr oder weniger deutliche Abweichungen von der
idealen Kugelgeometrie zeigen, zeichnen sich durch ein besonderes, mathematisch nur relativ schwer erfassbares Verhalten im inhalierten Luftstrom
aus. Lässt man solche anisometrischen Teilchen (Stäbchen, Plättchen) unter
kontrollierten Bedingungen (Raumtemperatur, Normaldruck) in einer Luft-
säule zu Boden fallen, so vollziehen sie je nach Ausgangsposition ganz
unterschiedliche Bewegungen. Während jene Partikel, deren längere Achsen in Fallrichtung orientiert sind, aufgrund ihres geringen Drehmoments

kaum eine Ablenkung erfahren, führen jene Teilchen, deren längere Achsen senkrecht zur Fallrichtung orientiert sind, entsprechende Pendel- oder Rotationsbewegungen durch (Abb. 20). Die vermehrt auf die Partikeloberfläche wirkende Luftwiderstandskraft hat die Bildung eines höheren Drehmoments zur Folge, das seinerseits eine Drehung des Objektes um dessen Massenmittelpunkt bewirkt. Letzterer zeichnet während des Fallprozesses eine sinusförmige Bahn nach [128-132].

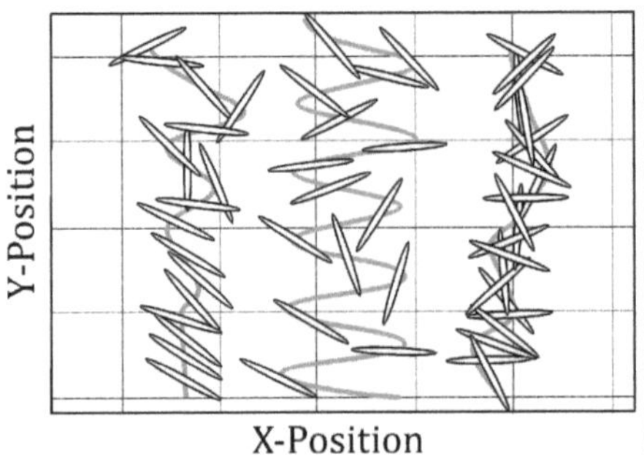

A20

Theoretische Flugbahnen eines zu Boden fallenden, stäbchenförmigen Partikels. Der Massenmittelpunkt des Teilchens folgt einer sinusförmigen Funktion.

Für eine möglichst akkurate Beschreibung des aerodynamischen Verhaltens prolater und oblater Partikel im eingeatmeten Luftstrom bedient man sich mehrerer essenzieller physikalischer Parameter. Hier ist zunächst wiederum der Äquivalenzvolumendurchmesser zu nennen, welcher sich bei nichtsphärischen Teilchen komplizierter als bei sphärischen gestaltet. Wenn man sowohl für die Stäbchen als auch für die Plättchen eine ideale zylindrische Geometrie ins Auge fasst, kann man für diesen Parameter die mathematische Formel

$$d_{Äv} = (1{,}5 \cdot d_{Zyl}{}^3 \cdot \beta)^{1/3} \tag{16}$$

zur Anwendung bringen. Dabei bezeichnen d_{Zyl} den zylindrischen Durchmesser des Partikels und β die sogenannte aspect ratio, welche den Quotienten aus Teilchenlänge und -durchmesser repräsentiert. Bei prolaten Teilchen ist die aspect ratio stets größer als 1 – im Falle von Fasern sogar größer als 3 [68-72] –, wohingegen bei oblaten Teilchen eine entsprechende aspect ratio kleiner als 1 vorliegt (Abb. 21). Verwendet man beispielsweise einen zylindrischen Partikeldurchmesser von 1 µm als Grundlage, so nimmt der Äquivalenzvolumendurchmesser für $\beta < 1$ geringere Werte als d_{Zyl} und für $\beta > 1$ höhere Werte als d_{Zyl} an. Grundsätzlich kann bei Gebrauch einer logarithmischen Achsenskalierung ein linearer Zusammenhang zwischen aspect ratio der betrachteten Teilchen und zugehörigem Äquivalenzvolumendurchmesser konstatiert werden, wobei der zylindrische Durchmesser als einzige Einflussgröße zu berücksichtigen ist (Abb. 22).

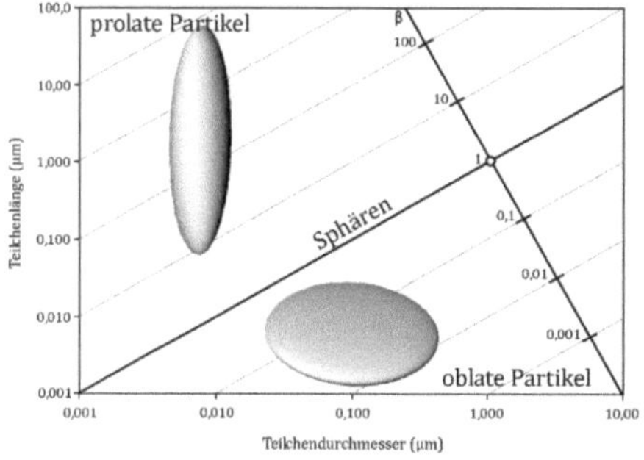

A21

Grafische Darstellung zur Beschreibung des Zusammenhangs zwischen Teilchendurchmesser, Teilchenlänge und aspect ratio.

Faserförmige Partikel können teilweise extrem hohe aspect ratios annehmen. So zeichnen sich manche lungengängigen Asbestfasern durch entsprechende Werte größer als 100 aus, und künstlich produzierte Kohlenstoffnanoröhren weisen sogar Werte größer als 1.000 auf [145-151]. Umgekehrt gibt es plättchenförmige Teilchen, die sich durch sehr niedrige aspect ratios auszeichnen. Bei feinen, durch mechanischen Abrieb erzeugten Stäuben lassen sich für β in der Regel Werte kleiner als 0,01 messen. Nanoplättchen, welche in der Werkstoffindustrie mittlerweile eine beinahe ebenso bedeutende Rolle wie Nanoröhren spielen, können Werte für β kleiner als 0,001 annehmen [16, 119, 124, 125].

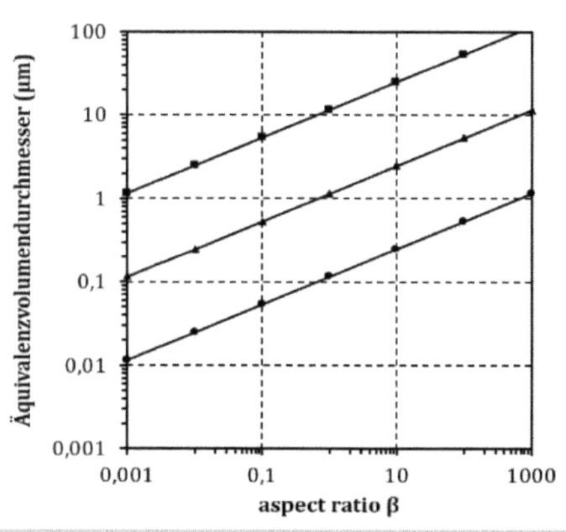

A22

Diagramm zur Verdeutlichung des mathematischen Zusammenhangs zwischen aspect ratio und Äquivalenzvolumendurchmesser (• = d_{Zyl} = 0,1 μm, ▲ = d_{Zyl} = 1,0 μm, ■ = d_{Zyl} = 10 μm).

Eine weitere physikalische Größe, welche sich für die Deskription des aerodynamischen Verhaltens nichtsphärischer Partikel im Luftstrom als essenziell erweist, ist der sogenannte dynamische Formfaktor (χ). Dieser beschreibt im Wesentlichen das mathematische Verhältnis aus Stokes-Reibung des interessierenden Teilchens und Stokes-Reibung der zugehörigen Kugel mit äquivalentem Volumen. Die Stokes-Reibung (F_{St}) selbst kann durch die allgemeine Formel

$$F_{St} = 3 \cdot \pi \cdot d_T \cdot \eta \cdot v_T \tag{17}$$

zum Ausdruck gebracht werden, wobei d_T den Partikeldurchmesser, η die dynamische Viskosität des Fluids und v_T die terminale Sedimentationsgeschwindigkeit des Teilchens bezeichnen [128, 154-156].

Die Ermittlung des dynamischen Formfaktors erfolgt für prolate und oblate Partikel auf Basis unterschiedlicher Formeln und wird noch zusätzlich dadurch verkompliziert, dass je nach Orientierung des Teilchens im Luftstrom wiederum unterschiedliche Berechnungsmodi zur Anwendung gelangen. Grundsätzlich kann die Kalkulation der richtungsspezifischen Formfaktoren nach der mathematischen Grundgleichung

$$\chi = [a \cdot (\beta^2 - 1) \cdot \beta^b] / \{[(2\beta^2 - c) / (\beta^2 - 1)^{1/2}] \cdot F(d) + e\} \tag{18}$$

erfolgen, bei der die Koeffizienten $a - e$ je nach berechnetem Parameter unterschiedliche Werte annehmen. Bei der Größe F(x) handelt es sich um eine bestimmte mathematische Funktion, welche ebenfalls durch eine gewisse Variabilität gekennzeichnet ist. In der nachfolgenden Tabelle sind einzelne Werte beziehungsweise Typen für Koeffizienten und Funktion zusammengestellt (Tab. 3) [232-244].

T3

Formfaktor	a	b	c	d	e	F
Stäbchen						
$\chi_\perp$	8/3	-1/3	3	$\beta+(\beta^2-1)^{1/2}$	β	ln
$\chi_{//}$	4/3	-1/3	1	$\beta+(\beta^2-1)^{1/2}$	$-\beta$	ln
Plättchen						
$\chi_\perp$	8/3	-1/3	3	β	β	arccos
$\chi_{//}$	4/3	-1/3	1	β	$-\beta$	arccos

Einzelne Koeffizienten und Funktionen zur Berechnung der dynamischen Formfaktoren von anisometrischen Partikeln gemäß der oben angeführten Glg. (18). Bei den Kalkulationen spielt die Teilchenform eine ebenso große Rolle wie die Ausrichtung der Objekte im Luftstrom [45].

Die obige Tabelle bringt sehr klar zum Ausdruck, dass sich die dynamischen Formfaktoren von Stäbchen und Plättchen insbesondere in zwei Positionen (Koeffizient d und Funktion F) unterscheiden, ansonsten jedoch große Ähnlichkeiten zeigen. Bei genauerer Betrachtung der Glg. (18) und Ermittlung einzelner Werte für die jeweiligen Formfaktoren ergibt sich jenes im Diagramm der Abb. 23 dargestellte Bild. Demnach zeichnen sich die Parameter durch Maxima bei sehr niedrigen und sehr hohen aspect ratios und ein Minimum für $\beta = 1$ (isometrische Teilchen) aus. Als ein wenig überraschend darf hier sicherlich der Umstand erachtet werden, dass $\chi_\perp$ und $\chi_{//}$ für Stäbchen und Plättchen ähnlich hohe Werte annehmen. Dies bedeutet freilich nichts Anderes, als dass die Stokes-Reibung solcher Partikel unabhängig von deren Orientierung im Luftstrom immer höher als bei sphärischen Teilchen mit identischem Volumen ist. Hier wird anhand des mathematischen Modells eine Rotationsbewegung der Partikel angenommen, welche unabhängig von deren Ausrichtung im inhalierten Luftstrom stattfindet. Diese Annahme ergibt gerade dann einen Sinn, wenn man sich vor Augen hält, dass der die einzelnen Lungenstrukturen (Bronchien, Verzweigungen, Alveolen) passierende Luftstrom vielerorts von der idealen Laminarität abweicht und sich – im Gegenteil – durch etliche Turbulenzen auszeichnet [128, 154-156, 232-244].

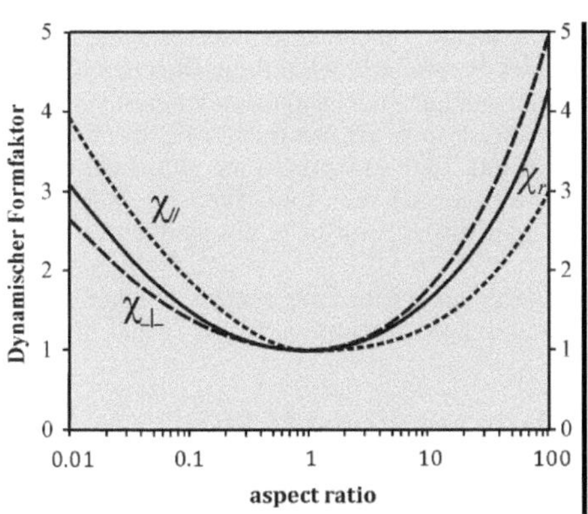

A23

Abhängigkeit der dynamischen Formfaktoren $\chi_\perp$ und $\chi_{//}$ von der aspect ratio der betrachteten Teilchen. Zusätzlich ist hier noch ein Formfaktor für zufällige Partikelorientierung (χ_r) eingezeichnet, welcher einen gewichteten Mittelwert der beiden anderen Größen repräsentiert [239, 240].

Bei jenen Partikeln, welche der Nanometerskala zuzuordnen sind, ergeben sich hinsichtlich der mathematischen Approximation noch weitere Komplikationen. Das gasförmige Fluid, welches derartige Teilchen umströmt, kann nämlich keineswegs mehr als Kontinuum betrachtet werden (Kontinuumsströmung), sondern ist als Gemenge frei beweglicher Moleküle zu interpretieren (freie Molekularströmung), die mit dem Objekt in eine mehr oder weniger starke Interaktion treten. Für die Definition des Strömungsregimes kann die sogenannte Knudsen-Zahl (Kn) zur Anwendung gelangen, welche nach der vereinfachten mathematischen Formel

$$Kn = \lambda\ /\ d_T \qquad\qquad (19)$$

zu berechnen ist. Hierbei repräsentiert λ die mittlere freie Weglänge der Gasmoleküle, wohingegen d_T wiederum den Teilchendurchmesser bezeichnet. Laut Definition weist eine Knudsen-Zahl größer als 10 auf eine freie Molekularströmung, eine Knudsen-Zahl kleiner als 0,1 hingegen auf eine Kontinuumsströmung hin [15, 18, 128, 154-156].

Der Einfluss umgebender Gasmoleküle auf das nichtsphärische Partikel findet anhand des Cunningham-Korrekturfaktors (C_C) seine Berücksichtigung. Dieser nach Ebenezer Cunningham benannte Parameter, welcher von Robert Andrews Millikan im Jahre 1910 experimentell geprüft wurde, berechnet sich nach der allgemeinen Gleichung

$$C_C = 1 + (2\lambda\ /\ d_T) \cdot [A_1 + A_2 \cdot \exp(-A_3 \cdot d_T\ /\ \lambda)] \qquad\qquad (20)$$

wobei die Koeffizienten A_1, A_2 und A_3 im Falle von Luft als Strömungsmedium die Werte 1,257, 0,400 und 0,55 annehmen [154-156]. Der Cunningham-Korrekturfaktor nimmt für kleine Teilchendurchmesser hohe Werte an und nähert sich mit steigender Partikelgröße kontinuierlich dem Grenzwert 1 an. Für Teilchen des Mikrometerbereichs kann er vielfach vernachlässigt werden. Bei stark anisometrischen Partikeln kann für die Kalkulation des Korrekturfaktors entweder der entsprechende Äquivalenzvolumendurchmesser verwendet werden oder man führt für jede Teilchendimension getrennte Berechnungen durch, welche schlussendlich in einen Mittelwert münden [245-280].

Alle zuvor behandelten Parameter fließen in eine erweiterte mathematische Darstellung des aerodynamischen Durchmessers ein, wobei hier die Gleichung

$$d_{ae} = d_{\ddot{A}v} \cdot [(1\ /\ \chi_r) \cdot (\rho_T\ /\rho_0) \cdot (C_C(d_{\ddot{A}v})\ /\ C_C(d_{ae}))]^{1/2} \qquad\qquad (21)$$

ihre entsprechende Verwendung findet. In der obigen Formel bezeichnen ρ_T und ρ_0 die Dichten des Partikels und des Strömungsmediums, wohingegen χ_r jenen dynamischen Formfaktor repräsentiert, der sich bei Annahme einer zufälligen Orientierung des Teilchens im Luftstrom ergibt. $C_C(d_{\ddot{A}v})$ und $C_C(d_{ae})$ stellen die Cunningham-Korrekturfaktoren bei Verwendung von Äquivalenzvolumendurchmesser und aerodynamischen Diameter dar. Gerade aus der zuletzt genannten Definition wird klar, dass die Ermittlung von d_{ae} nach einem iterativen Prozess zu erfolgen hat und sich deshalb relativ komplex gestaltet. Zur Ermittlung des auf zufälliger Partikelorientierung basierenden dynamischen Formfaktors gelangt die Formel

$$1 / \chi_r = 2 / 3\chi_\perp + 1 / 3\chi_{//} \qquad (22)$$

zur Anwendung [45, 154-156]. Um einen geeigneten Überblick über die Dimension des aerodynamischen Durchmessers anisometrischer Teilchen zu erhalten, wurde diese physikalische Größe in Abhängigkeit von aspect ratio und zylindrischem Durchmesser (siehe oben) grafisch aufgetragen (Abb. 24). Bei Gebrauch von logarithmischen Achsen kann ein linearer Anstieg von d_{ae} mit wachsenden Werten für β beobachtet werden. Jede Steigerung des zylindrischen Durchmesser hat eine automatische Erhöhung von $d_{\ddot{A}v}$ und damit auch eine Anhebung von d_{ae} zur Folge.

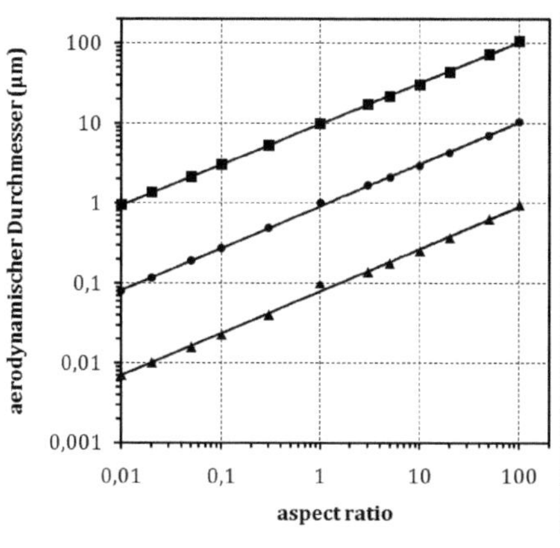

A24

Abhängigkeit des aerodynamischen Durchmessers von der aspect ratio für anisometrische Partikel mit zylindrischer Grundgestalt (($\bullet$ = d_{Zyl} = 0,1 µm, $\blacktriangle$ = d_{Zyl} = 1,0 µm, $\blacksquare$ = d_{Zyl} = 10 µm).

2.2.3 Aggregate

In der Vergangenheit wurden zahlreiche Studien veröffentlicht, welche sich mit dem aerodynamischen Verhalten von unregelmäßig gestalteten Aggregaten befassten [125, 154-156]. Die mathematische Vorgehensweise zur Modellierung derartige Partikel ist sehr ähnlich wie bei den zuvor beschriebenen anisometrischen Teilchen, was unter anderem darauf zurückgeführt werden kann, dass Aggregate oftmals als kettenartige Gebilde oder plättchenförmige Cluster auftreten. In solchen Fällen lassen sich Parameter wie Äquivalenzvolumendurchmesser, dynamische Formfaktoren und Cunningham-Korrekturfaktoren recht gut beschreiben. Bei Aggregaten, die sich aus gleich großen kugelförmigen Komponenten zusammensetzen (z. B. Diesel-

Teilchen), lässt sich der Äquivalenzvolumendurchmesser mithilfe der einfachen Formel

$$d_{\ddot{A}v} = (N \cdot d_K{}^3)^{1/3} \tag{23}$$

ermitteln, wobei N die Anzahl der Komponenten und d_K den Durchmesser derselben bezeichnen.

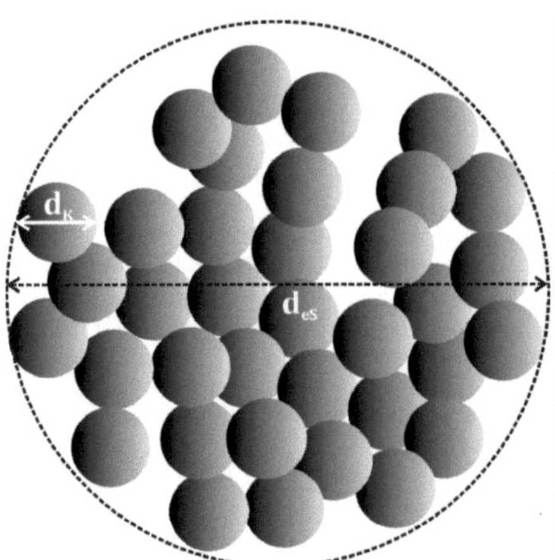

A25

Zeichnung zur Illustration des Durchmessers jener Sphäre, welche als Einhüllende des Aggregats fungiert (d_K = Durchmesser einer einzelnen Komponente). Der Parameter d_{eS} wird gemeinsam mit dem Durchmesser jener Kugel mit äquivalentem Volumen zur Berechnung des dynamischen Formfaktors verwendet.

Sind die einzelnen sphärischen Komponenten des Aggregats zu langen verzweigten Ketten angeordnet, so empfiehlt sich die Umschreibung des Objekts mit einem Zylinder, dessen aerodynamische Eigenschaften im inhalierten Luftstrom anhand der im vorigen Abschnitt vorgestellten Gleichungen ergründet werden können. Das gleiche gilt für den Fall, dass die kugelförmigen Bestandteile des Aggregats zu einem scheibenförmigen Gebilde zusammengesetzt sind. Das Transportverhalten des Partikels hängt natürlich auch von der Dichte der aneinandergelagerten Einheiten beziehungsweise dem Auftreten einzelner Hohlräume ab, wobei der Äquivalenzdurchmesser hier durchaus als sensitive physikalische Größe bewertet werden darf. Für den Fall der Komponentenaggregation zu einem mehr oder minder isometrischen Cluster treten einige Abweichungen im Berechnungsmodus auf. Ein derartiges Objekt ist nämlich keineswegs als Kugel zu verstehen, sondern verfügt aufgrund seiner unregelmäßigen Oberflächengestaltung ebenfalls über einen dynamischen Formfaktor. Dieser lässt sich nach der simplen mathematischen Formel

$$\chi = d_{eS} / d_{Äv} \qquad\qquad (24)$$

berechnen, in der die Variable d_{eS} den Durchmesser der das Gebilde einhüllenden Sphäre bezeichnet (Abb. 25). Hier handelt es sich aufgrund der geometrischen Komplexität des Objektes zwar lediglich um eine relativ grobe Approximation, jedoch reicht diese für die Beantwortung der meisten Fragen vollkommen aus [15, 239, 240].

Nimmt man in Bezug auf die Anordnung der einzelnen Komponenten des Aggregates eine kubisch dichteste Kugelpackung an, so erhält man unabhängig von der Anzahl der sphärischen Einheiten, welche das Partikel aufbauen, einen Wert für den dynamischen Formfaktor von 1,366. Dies bedeutet, dass das Aggregat über sehr ähnliche Eigenschaften im Luftstrom wie die zugehörige Kugel mit äquivalentem Volumen verfügt. Ganz anders verhält sich die Sache bei Annahme einer nach dem Zufallsprinzip gestalteten Anordnung der Komponenten (Abb. 26). Hier hängt der dynamische Formfaktor von der Anzahl der Einheiten ab und kann sogar zweistellige Werte annehmen [15, 125, 154-156, 281].

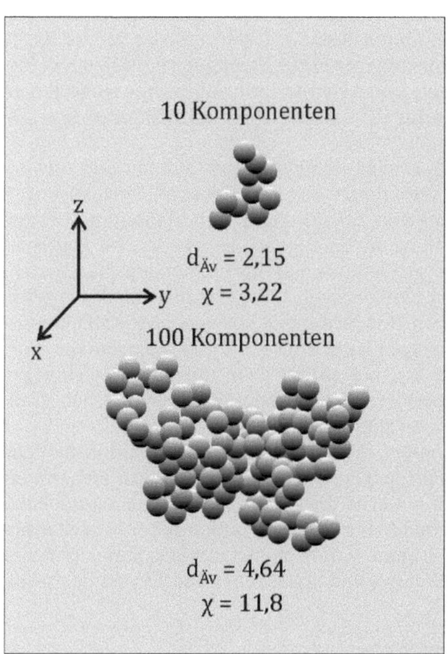

A26

Beispiele zweier Aggregate, welche sich aus zehn beziehungsweise 100 kugelförmigen Komponenten zusammensetzen, deren Anordnung nach dem Zufallsprinzip erfolgte. Die dynamischen Formfaktoren können in diesem Fall sehr hohe Werte annehmen, was auf ein sehr spezifisches Verhalten der Partikel im Luftstrom schließen lässt.

Bei Aggregaten der Nanometerskala ist natürlich wieder der Übergang von der Kontinuumsströmung zur freien Molekularströmung zu berücksichtigen, wobei die Berechnung des diesem Umstand Rechnung tragenden Cunningham-Korrekturfaktors nach der im vorigen Abschnitt definierten Gleichung erfolgen kann. Dies gilt letztendlich auch für den aerodynamischen Durchmesser des Aggregats, welcher bei zufallsgenerierten Partikeln deutlich geringer als der Äquivalenzvolumendurchmesser ausfallen kann. Als Folge dessen zeichnen sich zahlreiche Aggregate trotz ihrer annähernd kugelförmigen Gestalt durch ihr sehr spezifisches Verhalten im Luftstrom aus, welches sich nur unter Anwendung relativ aufwendiger mathematischer Näherungsverfahren mit entsprechend hoher Akkuratesse prädizieren lässt [16, 45, 125, 239, 240, 281].

In der näheren Vergangenheit sind mehrere theoretische Ansätze zur Generierung von komplexen Aggregaten mit sphärischen Komponenten zur Vorstellung gelangt [125, 281]. Das erste Modell stellt eine stochastische Näherung dar, bei der das Aggregat unter Zuhilfenahme spezieller Winkelfunktionen seinen kontinuierlichen Aufbau erfährt. Die in den Funktionen verarbeiteten Winkel können innerhalb festgelegter Intervalle einer auf dem Zufallsprinzip basierenden Variation unterzogen werden. Das Modell ist je nach Einstellung der Rahmenbedingungen zur Erzeugung ketten- oder clusterförmiger Aggregate befähigt, wobei Partikel mit zahlreichen Hohlräumen zum Teil extrem hohe Werte für die dynamischen Formfaktoren ($\chi > 20$) hervorrufen [281].

Bei einem alternativen Modell erfolgt die Aggregatgestaltung unter Anwendung des Zufallspfadprinzipes (random walk). Dabei werden einzelne kugelförmige Komponenten entlang von zufällig gewählten Pfaden angeordnet, was je nach Parametereinstellung die Erzeugung verschiedenster Aggregatgeometrien zur Folge hat. Der große Vorteil dieses mathematischen Verfahrens besteht im Wesentlichen darin, dass die Programmierung des zugehörigen Algorithmus mithilfe von standardmäßig verwendeter Kalkulationssoftware (z. B. MS-EXCEL) erfolgen kann. Dies hat unter anderem den Vorteil, dass man simultan eine Vielzahl an Partikeln mit ihren zugehörigen aerodynamischen Größen generieren kann und zur unverzüglichen grafischen Verarbeitung der Daten befähigt ist [125].

Zusammenfassend ist festzuhalten, dass frühe Teilchendepositionsmodelle ausschließlich sphärischen Partikelgeometrien in Betracht zu ziehen vermochten, mittlerweile jedoch ein erhöhtes Bestreben zur Erzeugung komplexerer Teilchenformen vorhanden ist. Anhand numerischer Modellansätze wird zunehmend das Ziel einer wirklichkeitsgetreuen Simulation des Partikelverhaltens in den tubulären und sphärischen Strukturen des respiratorischen Traktes verfolgt.

2.3 Standardparametern für die Modellrechnungen

Für die im Rahmen dieser Monografie vorgestellten Modellrechnungen wurden zahlreiche Standardparameter in einer Eingabedatei definiert, welche schlussendlich eine Vergleichbarkeit und weiterführende Validierung der simulierten Daten gestatten (Tab. 4). Hier sind zunächst jene bereits in Abb. 11 beschriebenen Volumens-, Zeit- und Skalierungswerte anzuführen, die an entsprechenden Positionen des Inputfiles ihre detaillierte Behandlung erfahren. Anhand des stochastischen Modells besteht zudem die Möglichkeit der Festlegung einer regionalen Ventilation, bei welcher die einzelnen Lungenlappen unterschiedlich stark mit Atemluft durchströmt werden. Dieser Parameter und die mit ihm verbundene Strömungsasymmetrie beziehungsweise Strömungsasynchronie wurden im vorliegenden Fall nicht berücksichtigt, da sie insbesondere bei spezifischen Erkrankungen des Atemwegssystems eine bedeutendere Rolle spielen können. Im Zuge der Inhalation ist gemäß Computermodell die Injektion eines Aerosolbolus mit vorab definierter Halbwertsbreite möglich. Auch von dieser Option, die bei manchen Inhalationstherapien erhöhte Signifikanz besitzt, wurde im Rahmen der theoretischen Kalkulationen abgesehen.

Das Computermodell erlaubt im Allgemeinen eine Differenzierung zwischen Mund- und Nasenatmung, wobei nasale Inhalation vornehmlich in Ruhephasen und bei sitzender Tätigkeit, orale Inhalation hingegen bei leichter und schwerer körperlicher Betätigung zum Einsatz gelangt. Im konkreten Fall wurde ausschließlich mit Mundatmung operiert. Die mögliche Deposition von über die Atemluft aufgenommenen Partikeln der Mikrometerskala wurde nach jenen von Stahlhofen vorgestellten Formeln berechnet, während die Ablagerung ultrafeiner Teilchen (< 100 nm) auf Basis der mathematischen Gleichungen von Cheng und Mitarbeitern erfolgte [95]. Für das extrathorakale Volumen wurde unter Berücksichtigung der Entwicklung der Kopfmorphometrie ein konstanter Wert von 150 ml angenommen. Auch in Hinblick auf die durch die tubulären Strukturen strömende Luft gelangten etliche Parameter zur Definition. So wurde unter anderem ein laryngealer Jet angenommen, welcher die Wirkung von Kehlkopfdeckel und Stimmbändern auf den Luftstrom berücksichtigt. Die innerhalb der Strömung zum Vorschein tretende axiale Diffusion wurde nach den Näherungsformeln von Cohen & Asgharian simuliert [95]. Die Partikeldeposition wurde für jeden wirksamen Mechanismus unabhängig berechnet und durch Anwendung spezieller Algorithmen zu einer Gesamtablagerung extrapoliert. Grundsätzlich bestand die Annahme eines monodispersen Aerosols, wobei die Größe der Teilchen mit Einheitsdichte (1 g cm^{-3}) in getrennten Simulationen zwischen 0,001 µm und 10,0 µm variierte. Für die Alveolen und Schlusssphären (closing sacs) gelangte ein konstanter Durchmesser von

250 µm zur Verwendung. Mittels spezieller Faktoren wurden zudem noch kleinere Korrekturen der Deposition vorgenommen, welche etwa die erhöhte Wirkung der Impaktion in den obersten Luftwegen berücksichtigen [16, 18, 45, 94, 95].

T4

Eingabeparameter	Größenbereich
Tidalvolumen	102 - 2650 ml
Funktionelle Residualk.	244 - 625 ml
Skalierungsfaktor	0,353 - 0,780
Regionale Ventilation	--------------------
Vent./Asymmetrie	--------------------
Vent./Asynchronie	--------------------
Länge d. Atmungszyklus	1,39 - 3,24 s
Atempause	0,00 - 0,50 s
Aerosolbolus, Start	--------------------
Aerosolbolus, Breite	--------------------
Mund-/Nasenatmung	Mund
Extrath. Formel	Stahlhofen (1989)
Formel für ultraf. Part.	Cheng et al. (1996)
Extrathorakalvolumen	150 ml
Laryngealer Jet	ein
Diffusionsformel	Cohen & Asgharian
Depositionsmechanismen	unabh. Berechnung
Deposition ein/aus	ein
Mischungsfaktor	0,25
Axiale Diffusion ein/aus	ein
Aerosol mono/polydispers	mondispers
Teilchendichte	$1{,}0\ \mathrm{g/cm^3}$
Teilchengröße	0,001 - 10,0 µm
Durchmesser der Alveolen	250 µm
Closing sac factor	1,0
Downward biasing ein/aus	ein
Biasing factor	1,35
Verstärkung ab Gen.	6
Verstärkungsfaktor	1,50
Anzahl d. Simulationen	10,000

Zusammenfassung jener Eingabeparameter, welche bei der Modellierung der Partikeldeposition in der Kinderlunge eine übergeordnete Rolle spielen [95].

3

Ergebnisse der Depositionsberechnungen

3.1 Deposition bei Standardbedingungen

Im vorliegenden Abschnitt sollen die wesentlichen Ergebnisse der Depositionsberechnungen mithilfe des in Kap. 2 vorgestellten Computermodells erörtert werden. Das Hauptaugenmerk richtet sich dabei einerseits auf die Annahme jener in Tab. 4 zusammengefassten Standardbedingungen und andererseits auf die Verwendung einer normalen (gesunden) Lunge, welche frei von jeglichen krankheitsbedingten Störungen ist, In weiterer Folge werden verschiedene Arten der Teilchenablagerung (totale, regionale und generationsbezogene Deposition) im Detail erläutert.

3.1.1 Totaldeposition

Zu Beginn der Ergebnispräsentation steht die Beschreibung der Totaldeposition und ihrer Abhängigkeit von Teilchengröße und Alter der Probanden. Generell versteht man unter dieser Größe die Gesamtheit jener im respiratorischen Trakt abgelagerten Partikel, wobei sich die einfache mathematische Formel

$$\textit{Totaldeposition (\%)} = [(N_i - N_e) / N_i] \cdot 100 \qquad (25)$$

zur Anwendung bringen lässt. Darin bezeichnen N_i und N_e die Anzahl der inhalierten und Menge der exhalierten Teilchen, welche jeweils mithilfe eines speziellen Particle Counters festgestellt werden können.

In Abb. 27 ist die Totaldeposition als Funktion der Teilchengröße (aerodynamischer Durchmesser) für vier verschiedene Alterskategorien (1 y, 5 y, 10 y, 15 y) zusammengefasst. Wenn man den Partikeldurchmesser logarithmisch auf der X-Achse aufträgt, erhält man für die Totaldeposition einen typischen Funktionsverlauf mit Maximalwerten bei niedrigen und hohen Diametern und einem Minimum bei mittleren Diametern. Eine genauere Betrachtung der einzelnen Grafen zeigt, dass die gesamte Deposition inhalierter Teilchen bei gesunden Kleinkinder (1 y) und Annahme einer Normalatmung je nach Partikelgröße zwischen 1,34 und 70,9 % schwankt. Teilchen mit einem aerodynamischen Durchmesser von 0,001 μm lagern sich zu 66,1 % im respiratorischen Trakt ab, wohingegen 0,1 μm große Partikel einen entsprechenden Depositionswert von 3,32 % aufweisen. Für 10 μm große Teilchen beläuft sich die Totaldeposition schließlich auf 70,9 %. Bei fünf Jahre alten Probanden variiert die Totaldeposition je nach Teilchengröße zwischen 4,9 und 89,4 %. Für Partikel mit einem aerodynamischen Durchmesser von 0,001 μm kann in diesem Fall ein Wert von 77,7 % vorhergesagt werden, während Teilchen mit einer Größe von 0,1 μm zu 10,7 % und Teilchen mit einer Größe von 10 μm zu 89,4 % in den einzelnen Strukturen des respiratorischen Traktes abgelagert werden.

Gesunde Probanden mit einem Alter von zehn Jahren zeichnen sich laut Modell durch Totaldepositionswerte aus, welche zwischen 8,45 und 97,6 % schwanken. Dabei werden Nanopartikel mit einer Größe von 0,001 µm zu 87,6 % abgelagert, wohingegen sich die Deposition von 0,1 µm großen Teilchen mit 18,4 % bemessen lässt. Die Ablagerung großer Partikel (10 µm) nimmt schließlich einen Wert von 97,6 % an. Die zuletzt noch zu betrachtenden Probanden mit einem Alter von 15 Jahren sind durch Depositionswerte charakterisiert, welche im Allgemeinen zwischen 8,6 und 98,3 % variieren. Konkret beträgt die Totaldeposition bei 0,001 µm großen Partikeln 90,1 %, bei 0,1 µm großen Teilchen 20,5 % und bei 10 µm großen Objekten 98,3 %.

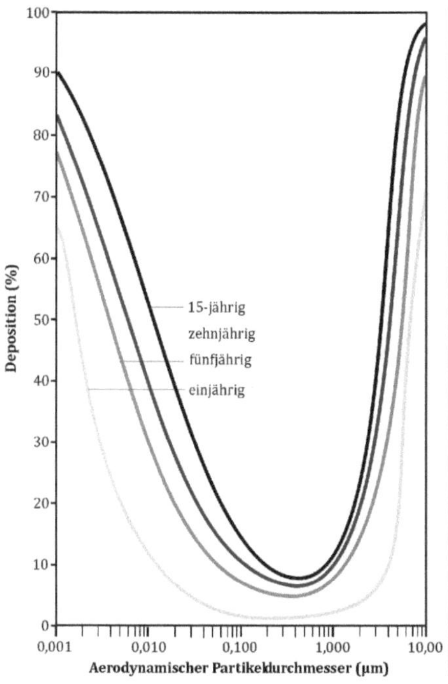

A27

Diagramm zur Darstellung der Abhängigkeit der Totaldeposition von der Teilchengröße (aerodynamischer Durchmesser). Im halblogarithmischen Grafen ergeben sich charakteristische U-förmige Kurven mit Maximalwerten bei sehr kleinen und sehr großen Partikeln und einem Tiefwert bei mittleren Teilchengrößen. Die Kurvenbreite erfährt mit zunehmendem Alter der Probanden eine signifikante Reduktion.

Beim Vergleich jener Depositionskurven, welche für die einzelnen Altersgruppen unter Zuhilfenahme des mathematischen Modells prädiziert werden konnten, fällt auf, dass die Gesamtablagerung inhalierter Partikel eine gewisse Altersabhängigkeit besitzt. Grundsätzlich kann ein Anstieg der Totaldeposition mit fortschreitendem Alter der Probanden beobachtet werden, was sich in erster Linie auf die Veränderung der Lungenvolumina und der Atmungsgewohnheiten (Kap. 1.2) zurückführen lässt. Zudem nimmt die Breite der U-förmigen Kurve kontinuierlich ab. Es muss in diesem Zusammenhang freilich immer erwähnt werden, dass innerhalb einer Altersgruppe eine signifikante intersubjektive Variabilität der berechneten Werte für die Teilchenablagerung auftreten kann, so dass sich die Unterschiede zweier benachbarter Altersgruppen wesentlich geringer gestalten.

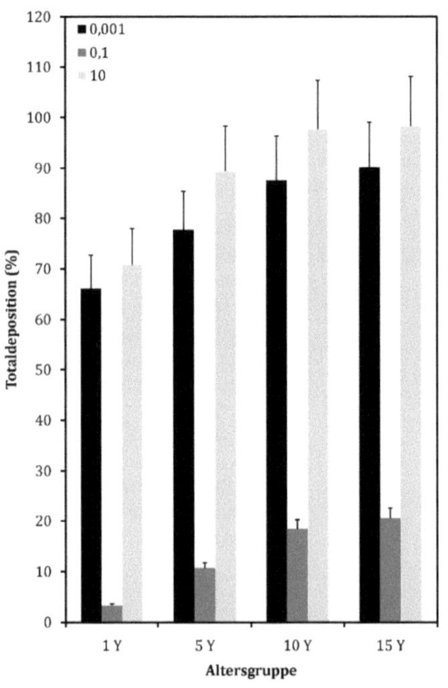

A28

Direkter Vergleich der Totaldepositionen dreier verschiedener Partikelgrößenktegorien. Die Mittelwerte wurden jeweils durch 10%ige Unsicherheiten ergänzt, welche entsprechende intersubjektive Variabilitäten der Ablagerungen berücksichtigen sollen.

In Abb. 28 gelangen konkret die altersbedingten Unterschiede der Totaldeposition für drei verschiedene Partikeldurchmesser (0,001 µm, 0.1 µm und 10 µm) zur Darstellung. Für die abgebildeten Mittelwerte wurden dabei Schwankungen von +/-10 % in Betracht gezogen. Die Grafik führt zu der Erkenntnis, dass die Differenzen zwei benachbarter Altersgruppen zumeist in den Bereich der festgesetzten Schwankungsbreite fallen, jedoch gerade bei solchen Probanden, welche altersmäßig weiter auseinanderliegen, zum Teil erhebliche Unterschiede beobachtet werden können.

3.1.2 Regionale Teilchenablagerung

Für medizinische Fragestellungen gilt die Ermittlung jener Lungenregionen, in denen eine bevorzugte Partikeldeposition zu beobachten ist, als wichtige Zusatzaufgabe. Grundsätzlich lässt sich die extrathorakale Region des respiratorischen Traktes von der thorakalen unterscheiden, wobei letzterer Bereich wiederum in die tubulären und alveolären Strukturen aufgegliedert werden kann. Die tubulären Strukturen umfassen neben der Luftröhre und den Bronchien auch noch die Bronchiolen und luftleitenden Elemente in den einzelnen Azini. Die alveolären Strukturen dagegen beinhalten lediglich die Lungenbläschen, in welchen der Austausch zwischen Sauerstoff und Kohlendioxid stattfindet [1-3, 16, 18].

Für die in weiterer Folge beschriebenen Modellrechnungen erfolgte eine Einteilung des respiratorischen Traktes in extrathorakale, tubuläre und alveoläre Region. Das tubuläre Kompartiment ließe sich theoretisch noch in einen bronchialen, bronchiolären und duktalen Abschnitt untergliedern, wurde aber der Einfachheit halber als vollständige Einheit betrachtet. Wenn man das Augenmerk zunächst auf die extrathorakale Deposition und deren Abhängigkeit von der Teilchengröße richtet, erhält man laut Modellvorhersagen jene in Abb. 29/a zusammengefassten Kurven. Bei Betrachtung der jeweiligen Funktionen fällt sofort auf, das sehr kleine und große Partikel eine maximale Ablagerung in den Luftwegen oberhalb der Trachea erfahren, wohingegen Teilchen mittlerer Größe diese „Barriere" teilweise zu überwinden und in die Lunge einzudringen vermögen. Bei den jüngsten Probanden (1 y) deponieren Partikel mit einem aerodynamischen Durchmesser von 0,001 µm zu 52,7 % in der extrathorakalen Region, während sich die Depositionswerte größerer Teilchen auf 2,74 % (0,1 µm) und 68,0 % (10 µm) belaufen. Im Falle von Kindern mit einem Alter von 5 y lagern sich die kleinsten Partikel zu 48,8 %, mittelgroße Teilchen zu 2,75 % und große partikuläre Objekte zu 80,2 % in den oralen und oropharyngealen Luftwegen ab. Bei zehnjährigen Probanden können extrathorakale Depositionswerte von 41,6 % (0,001 µm), 2,42 % (0,1 µm) und 91,2 % (10 µm) prädiziert werden, wohingegen in der ältesten Testgruppe (15 y) entsprechende Depositionswerte von 40,4 %, 2,35 % und 92,7 % vorliegen.

Die tubuläre Teilchendeposition weicht in Bezug auf ihren Funktionsverlauf recht deutlich von der extrathorakalen Ablagerung ab, da sich die beiden Maxima etwas weiter nach innen in Richtung mittelgroße Partikeldurchmesser verschieben. Das zwischen den Höchstwerten befindliche Minimum ist

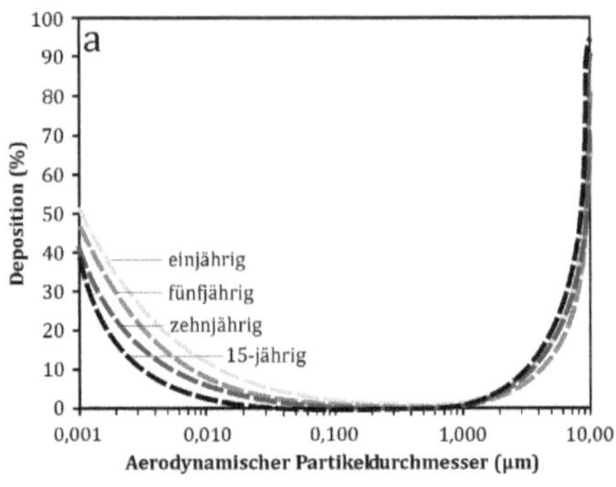

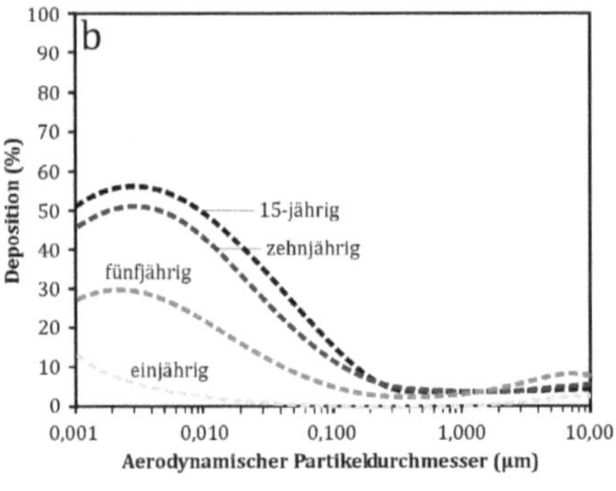

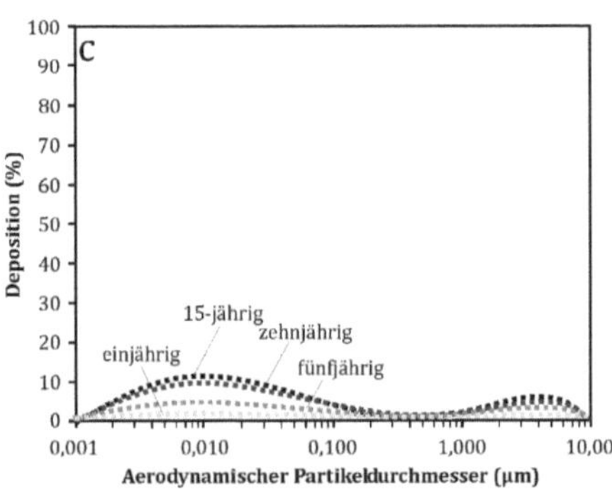

A29

Diagramme zur Veranschaulichung der regionalen Partikeldeposition in den Lungen von Probanden unterschiedlichen Alters (ein-, fünf-, zehn- und 15-jährig). Die extrathorakale Ablagerung (a) zeichnet sich durch deutliche Extremwerte an den Rändern aus, wohingegen die tubuläre Deposition (b) ihre höchste Effizienz für Teilchengrößen zwischen 0,001 und 0,01 µm erreicht. Die alveoläre Ablagerung (c) schließlich weist eine typische bimodale Funktion mit entsprechenden Höchstwerten bei 0,01 und 5 µm auf.

hier im Bereich zwischen 0,10 und 1,00 µm positioniert. Bei einjährigen Probanden lagern sich Kleinstpartikel (0,001 µm) zu 13,4 % in den einzelnen Luftwegsstrukturen ab, wohingegen mittelgroße Teilchen (0,1 µm) eine Deposition von lediglich 0,54 % aufweisen. Größere partikuläre Objekte zeichnen sich schließlich durch eine tubuläre Ablagerung von 2,84 % aus. Bei fünf Jahre alten Kindern belaufen sich die Werte für die tubuläre Deposition auf 28,9 % (0,001 µm), 6,86 % (0,1 µm) und 9,16 % (10 µm). Für Probanden mit einem Alter von 10 Jahren lagern sich Teilchen zu 46,0 % (0,001 µm), 12,8 % (0,1 µm) und 6,38 % (10 µm) in den einzelnen tubulären Einheiten ab, während entsprechende Depositionswerte im Falle von 15-jährigen Probanden 50,1 %, 14,2 % und 5,53 % betragen (Abb. 29/b).

Die zuletzt noch zu behandelnde alveoläre Deposition zeichnet sich bezüglich ihrer Abhängigkeit von der Partikelgröße ebenfalls durch einen bimodalen Funktionsverlauf aus, wobei die Maxima im Vergleich zur tubulären Teilchenablagerung nochmals eine geringfügige Verschiebung erfahren und in ihrer Intensität deutlich reduziert sind. Minimale Partikeldeposition in den Lungenbläschen kann ganz generell im partikulären Größenbereich zwischen 0,3 und 0,7 µm sowie an den Rändern des Diagramms beobachtet werden. Bei den jüngsten Probanden (1 y) bemisst sich die alveoläre Deposition für Partikel mit einem aerodynamischen Durchmesser von 0,001 µm auf $6,69 \times 10^{-4}$ %. Teilchen mit einer Größe von 0,1 µm werden dagegen zu 0,038 % und Partikel mit einer Größe von 10 µm zu $1,68 \times 10^{-5}$ % in den Lungenbläschen abgelagert. Betrachtet man in weiterer Folge fünf Jahre alte Versuchspersonen, so ergeben sich für diese Altersgruppe laut mathematischem Modell alveoläre Depositionswerte von 0,012 % (0,001 µm), 1,07 % (0,1 µm) und 0,012 % (10 µm). Im Falle von zehn Jahre alten Probanden können entsprechende Werte von 0,037 %, 3,19 % und 0,025 % vorhergesagt werden, während Jugendliche mit einem Alter von 15 Jahren hier Beträge für die Partikelablagerung von 0,038 %, 3,96 % und 0,034 % aufweisen (Abb. 29/c).

Ein grafischer Vergleich der regionalen Depositionsdaten zwischen den einzelnen Altersgruppen zeigt recht deutlich, dass sich das Ablagerungsverhalten verschiedener Teilchen mit fortschreitendem Alter teilweise signifikant verändern kann. Auch hier ist natürlich wiederum zu berücksichtigen, dass regionale Depositionswerte in einer gegebenen Altersgruppe in der Regel deutlichen Schwankungen unterliegen, da nicht alle Probanden über identische Lungenvolumina und gleiches Atmungsverhalten verfügen. Selbst wenn man Schwankungen um den Mittelwert von +/-10 % in Betracht zieht, lassen sich mithilfe verschiedener Testverfahren noch verwertbare Unterschiede zwischen den Altersgruppen herausarbeiten (Abb. 30). Somit kann das Resümee gezogen werden, dass die regionale Partikeldeposition eine wichtige altersabhängige Größe darstellt.

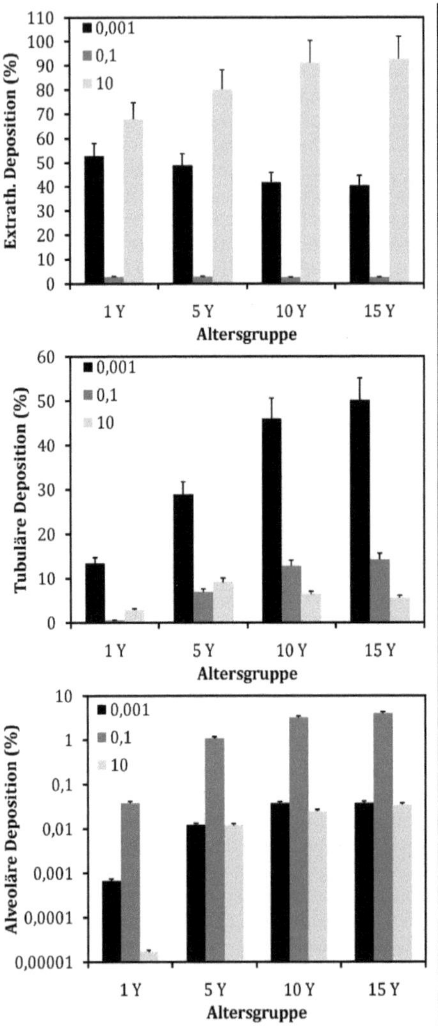

A30

Direkter Vergleich einzelner regionaler Depositionsdaten (Mittelwerte ± 10 %) zur Herausarbeitung entsprechender altersbedingter Unterschiede.

3.1.3 Deposition von Partikeln in einzelnen Luftwegsgenerationen

Für die Untersuchung zahlreicher teilcheninduzierter Erkrankungen der Lunge ist eine weitere Konkretisierung der Partikeldeposition vorzunehmen. Dies bedeutet praktisch nichts anderes als die Simulation der Teilchenablagerung in jeder durch das Lungenmodell definierten Luftwegsgeneration. Die Luftröhre wird per Definition als Generation 0 bezeichnet, wohingegen die zu den beiden Lungenflügeln führenden Hauptbronchien der Generation 1 angehören. Die terminalen Bronchiolen, welche vom reinen Luftleitungssystem zum Bereich des partiellen beziehungsweise vollständigen Gasaustauschs überleiten, erstrecken sich aufgrund sehr großer Unterschiede der intrapulmonalen Pfadlängen von Generation 12 bis Generation 20. Insgesamt sieht das in Kap. 1 beschriebene Strukturmodell 25 Luftwegsgenerationen vor, die mit unterschiedlich hoher Intensität vom inhalierten Aerosol durchströmt werden [16, 94, 95].

In der nachfolgenden Abb. 31 findet die Teilchendeposition in den Luftwegsgenerationen 0 bis 25 ihre detaillierte Darstellung, wobei in den einzelnen Grafen die entsprechenden Depositionsmuster von drei verschiedenen Partikelgrößen (0,001 µm, 0,1 µm und 10 µm) aufgezeichnet sind. Bei einjährigen Probanden zeigt sich anhand der zugehörigen Diagramme recht deutlich, dass Partikel mit einem aerodynamischen Durchmesser von 0,001 µm bevorzugt in den oberen Luftwegen zur Ablagerung gelangen. Das entsprechende Depositionsmaximum tritt für diese Teilchen in Luftwegsgeneration 0 (Trachea) auf. Im Falle der 0,1 µm großen Partikel lässt sich eine Versetzung der hauptsächlichen Deposition in die peripereren Lungenbereiche beobachten, wodurch der Höchstwert der Ablagerung eine Verschiebung in Luftwegsgeneration 16 erfährt. Teilchen mit einem aerodynamischen Durchmesser von 10 µm deponieren wieder bevorzugt in den proximalen Lungenregionen, was die Bildung des Depositionsmaximums in Luftwegsgeneration 0 zur Folge hat.

Bei der Untersuchungsgruppe der fünfjährigen Probanden ergeben sich grundsätzlich ganz ähnliche Depositionsmuster wie bei den zuvor besprochenen Kleinkindern, wobei die kleinsten und größten Partikel bevorzugt in den oberen, die mittelgroßen Teilchen dagegen hauptsächlich in den unteren Lungenregionen zur Ablagerung kommen. Der größte, auf den ersten Blick erkennbare Unterschied zwischen den Altersgruppen besteht sicherlich in der jeweiligen Menge der deponierten Partikel, welche sich bei den älteren Versuchspersonen wesentlich höher gestaltet. Die einzelnen Depositionsmaxima sind bei den fünfjährigen Kindern ebenfalls in den Luftwegsgenerationen 0 (0,001 µm), 16 (0,1 µm) und 0 (10 µm) positioniert und nehmen Relativwerte von 6,53, 0,92 und 2,41 % an. Wie den nachfolgenden Diagrammen sehr klar zu entnehmen ist, weisen Partikel mit einem aerodynamischen Durchmesser von 0,1 µm die größte Eindringtiefe auf.

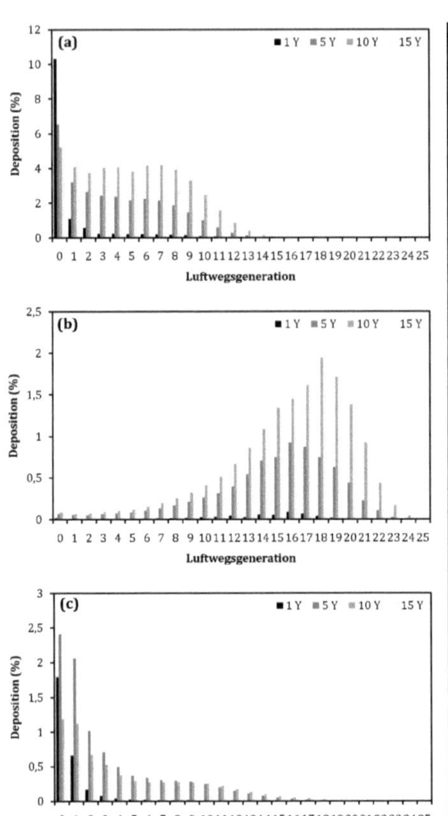

A31

Ablagerung verschiedener inhalierter Partikel in den einzelnen Luftwegsgenerationen von unterschiedlich alten Probanden: (a) Teilchen mit einem aerodynamischen Durchmesser von 0,001 µm; (b) Teilchen mit einem aerodynamischen Durchmesser von 0,1 µm; (c) Teilchen mit einem aerodynamischen Durchmesser von 10 µm.

Wählt man zehnjährige Kinder als Probanden für die theoretischen Depositionsstudien aus, ändert sich zwar an den generationsspezifischen Ablagerungsmustern der einzelnen Modellpartikel nur relativ wenig, jedoch ist eine weitere Steigerung der Teilchenakkumulation in den Luftwegen zu beobachten. Die Depositionsmaxima verteilen sich bei dieser Altersgruppe auf die Luftwegsgenerationen 0 (0,001 µm), 18 (0,1 µm) und 0 (10 µm), erfahren demzufolge gegenüber den jüngeren Versuchspersonen nur unwesentliche Verschiebungen. Bei den kleinsten Partikeln variieren die relativen

Depositionswerte zwischen 4,38 x 10⁻⁷ und 5,21 %, wohingegen mittelgroße Teilchen zu 0,02 bis 1,94 % und große partikuläre Objekte zu 6,0 x 10⁻⁴
bis 1,19 % in den jeweiligen Luftwegsgenerationen zur Ablagerung gelangen.

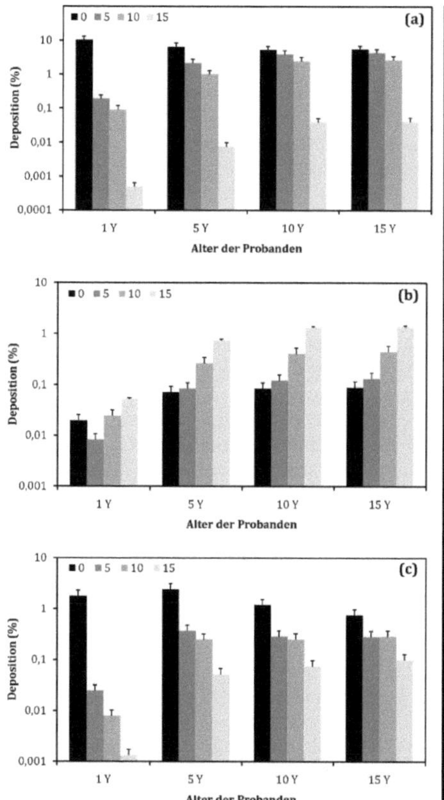

A32

Genauerer Vergleich der altersbezogenen Depositi-onswerte (Mittelwerte ± Standardabweichungen) für die Luftwegsgenerati-onen 0, 5, 10 und 15. Die Berechnungen wurden für drei unterschiedliche Teil-chengrößen vorgenom-men: (a) 0,001 µm, (b) 0,1 µm, (c) 10 µm.

Bei Betrachtung der ältesten Probanden (15 y) finden die zuvor beschriebenen Trends hinsichtlich der generationsspezifischen Teilchendeposition ihre weitestgehende Fortsetzung. Auch hier lässt sich für die kleinsten und
größten Partikel hauptsächlich eine proximale Ablagerung konstatieren,

während mittelgroße Teilchen in tieferen Bereichen der Lunge zur Deposition gelangen. Maximale Ablagerungswerte liegen im konkreten Fall in den Luftwegsgenerationen 0 (0,001 µm), 19 (0,1 µm) und 0 (10 µm) vor. Generell schwanken die Depositionsbeträge für die einzelnen Partikelgrößen zwischen 2,14 x 10^{-5} und 5,37 %, 0,0037 und 1,97 % sowie 0,0012 und 0,747 %.

In den Diagrammen der oben gezeigten Abb. 32 erfolgt nochmals der direkte Vergleich generationsbezogener Depositionsdaten zwischen den einzelnen Altersgruppen. Hierfür wurden die entsprechenden Relativwerte der Teilchenablagerungen in den Luftwegsgenerationen 0, 5, 10, und 15, in Betracht gezogen. Die Grafen geben sehr klar zu erkennen, dass teils signifikante altersbedingte Differenzen der Partikeldeposition in den ausgewählten Luftwegsgenerationen auftreten. Die Unterschiede werden dabei umso größer, je weiter die Probanden alterstechnisch auseinanderliegen. Grundsätzlich lässt sich festhalten, dass derartige Tendenzen bereits aus den Ergebnissen der regionalen Teilchenablagerung erahnt werden konnten.

Wenn man die oben dargestellten Ergebnisse zusammenfassen möchte, kann man zunächst die grundsätzliche Feststellung treffen, dass die Partikeldeposition im menschlichen Respirationstrakt eine sehr deutliche Altersabhängigkeit besitzt. So steigt die Totaldeposition signifikant mit dem Alter der untersuchten Probanden an. Die entsprechenden Ablagerungskurven erfahren dabei nicht nur eine vertikale Verschiebung, sondern ändern sich auch kontinuierlich in ihrer Form. Während Kleinkinder gemäß Abb. 26 einen sehr breiten Bereich mit niedriger Partikeldeposition zu bilden vermögen, bleibt dieses Minimum bei Jugendlichen auf ein wesentlich kleineres Teilchengrößenintervall beschränkt. Als weitere profunde Erkenntnis kann der Umstand erachtet werden, dass die extrathorakale Ablagerung zwar mit zunehmendem Alter sinkt, die tubuläre und alveoläre Deposition hingegen sehr deutlich ansteigt. In den jugendlichen Bronchien und Lungenbläschen lagert sich pro Atmungszyklus ein Vielfaches dessen ab, was in den betreffenden Strukturen von Kleinkindern zur Akkumulation gelangt. Diese theoretischen Resultate finden in der Praxis ihre vielfache Bestätigung (Kap. 4) und gelten in zahlreichen Fällen als Grundlage in der pneumologischen Forschung.

Die altersbedingten Differenzen der totalen und regionalen Partikeldeposition führen dazu, dass auch die Ablagerungen inhalierter Teilchen in einzelnen Luftwegsgenerationen deutlichen Schwankungen unterliegen. Grundsätzlich werden sehr kleine und große Partikel bereits in den oberen Luftwegen abgeschieden, wohingegen mittelgroße Teilchen in die tieferen Lungenbereiche vorzudringen vermögen. Kleinkinder entwickeln hier im Allgemeinen eine wesentlich höhere Partikelfiltereffizienz als Jugendliche.

Nachdem im vorangegangenen Kapitel das Hauptaugenmerk auf die Partikeldeposition in der gesunden Kinderlunge bei normalen Atmungsbedingungen gelenkt wurde, soll in weiterer Folge der Einfluss verschiedener physiologischer und morphometrischer Parameter auf die Teilchenablagerung zur Darstellung gelangen. Hier wird zunächst die Wirkung der inhalativen Flussrate (Tidalvolumen / Inhalationsdauer) in den Vordergrund gerückt, da dieser Parameter als ein Maß für die körperliche Aktivität des jeweiligen Probanden angesehen werden kann. Konkret führt jede Form der physischen Betätigung zu einem Anstieg des Tidalvolumens auf der einen Seite und der Atmungsfrequenz auf der anderen. Bei erwachsenen Testpersonen wächst das Tidalvolumen beim Übergang von sitzender Tätigkeit zu schwerer körperlicher Arbeit um etwa 150 % an, während sich die Dauer eines einzelnen Atmungszyklus etwa auf die Hälfte reduziert. In zwei weiteren Abschnitten soll der Effekt einer modifizierten Lungenmorphometrie auf die Partikeldeposition genauer untersucht werden. Dabei liegt zunächst die Annahme einer kontinuierlichen Verringerung der Luftwegsdurchmesser vor, wie sie etwa bei Patienten mit chronischen Atemwegserkrankungen (Bronchitis, COPD, Asthma) beobachtet werden kann. Unabhängig davon soll auch noch eine theoretische Simulation der Wirkung emphysematös veränderter Lungenstrukturen auf die Teilchenablagerung erfolgen.

3.2.1 Veränderung der inhalativen Flussrate

Wie bereits erwähnt wurde, repräsentiert die inhalative Flussrate, welche sich als Quotient aus Tidalvolumen und Inhalationszeit berechnen lässt, ein Maß für die physische Aktivität des betreffenden Probanden. In der Regel führt ein Anstieg der körperlichen Belastung, wie er beispielsweise durch Arbeit oder Sport hervorgerufen wird, sowohl zu einer Erhöhung des eingeatmeten Luftvolumens als auch zu einer deutlichen Anhebung der Atmungsfrequenz, die durch die Anzahl der Atmungszyklen pro Zeiteinheit zum Ausdruck gelangt. Im vorliegenden Fall wurde der Einfachheit halber lediglich eine Steigerung des Tidalvolumens bei konstanter Inhalationszeit ins Auge gefasst. Konkret wurde das Volumen der inhalierten Luft in einem ersten Schritt um 50 % und in einem zweiten Schritt schließlich um 100 % erhöht. Dies hatte eine Anhebung der inhalativen Flussrate um eben genau diese Faktoren zur Folge. Ein Vergleich mit den von der ICRP [18] präsentierten Standardinhalationsdaten zeigt recht deutlich, dass im ersten Fall eine leichte körperliche Betätigung, im zweiten Fall hingegen eine mittelschwere physische Belastung zur Simulation gelangt.

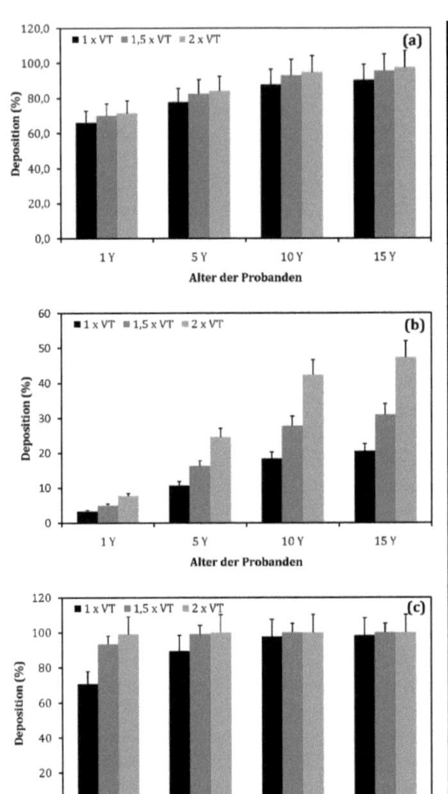

A33

Diagramme zur Veranschaulichung des Einflusses der inhalativen Flussrate auf die Partikeldeposition bei den unterschiedlichen Altersgruppen. Die Modellrechnungen wurden wiederum für drei verschiedene Teilchengrößen durchgeführt: (a) 0,001 µm, (b) 0,1 µm, (c) 10 µm. Die intersubjektive Variabilität der Ergebnisse spiegelt sich in den Fehlerbalken (Standardabweichungen) wider.

Die Ergebnisse der Modellrechnungen sind in der obigen Abb. 33 zusammengefasst, wobei neben der gewohnten Differenzierung nach Altersgruppen auch noch eine Unterscheidung nach Teilchengrößen erfolgte. Im konkreten Fall wurden Kleinstpartikel (0,001 µm), welche ausschließlich diffusiven Mechanismen unterliegen, mittelgroße Teilchen (0,1 µm) und Großpartikel (10 µm) für die betreffenden Kalkulationen herangezogen. Wie den Diagrammen der obigen Abbildung sehr klar zu entnehmen ist, reagieren die einzelnen Teilchengruppen in sehr unterschiedlicher Art und Weise auf die veränderten Atmungsbedingungen, was gleichermaßen aus physikalischer und lungenmedizinischer Sicht ein interessantes Phänomen darstellt. Wenn man sein Augenmerk zunächst auf die Kleinstpartikel richtet, kann man unabhängig von der betrachteten Altersgruppe einen Anstieg der Totaldeposition mit der inhalativen Flussrate beobachten. Dieser bemisst sich bei Kleinkindern (1 y) auf 5,4 Prozentpunkte, bei fünfjährigen Probanden auf 6,3 Prozentpunkte und bei zehnjährigen Versuchspersonen auf 7,1 Prozentpunkte. Bei den ältesten Probanden beträgt der entsprechende Anstieg sogar 7,3 Prozentpunkte. Wenn man innerhalb jeder Altersgruppe die intersubjektiven Variabilitäten der Partikeldeposition durch Fehlerbalken (Standardabweichungen) zum Ausdruck bringt, gelangt man zu dem Schluss, dass die genannten Steigerungen zwar erkennbar, aus statistischer Sicht jedoch nicht signifikant sind (Abb. 33/a).

Ganz anders stellt sich dieser Sachverhalt freilich bei den mittelgroßen Teilchen (0,1 µm) dar, welche bei Anhebung der inhalativen Flussrate ebenfalls eine gesteigerte Totaldeposition erfahren. Bei einjährigen Probanden lässt sich diese Steigerung mit 4,3 Prozentpunkten beziffern, wohingegen bei fünfjährigen Versuchspersonen eine Erhöhung der Totaldeposition um 13,9 Prozentpunkte vorliegt. Im Falle von zehnjährigen Testsubjekten kann mithilfe des Computermodells eine Zunahme der totalen Teilchenablagerung um exakt 24 Prozentpunkt prädiziert werden, während sich bei 15-jährigen Probanden die Steigerung sogar auf 26,7 Prozentpunkte beläuft. Innerhalb jeder Altersgruppe sind die jeweils benachbarten Säulen durch hochsignifikante Differenzen gekennzeichnet, wodurch ein statistischer Beweis für den maßgeblichen Einfluss der inhalativen Flussrate auf die Totaldeposition vorliegt (Abb. 33/b).

Auch die größten im Rahmen dieser Abhandlung betrachteten Teilchen (10 µm) zeichnen sich im Allgemeinen durch eine Steigerung der Totaldeposition bei entsprechender Anhebung der inhalativen Flussrate aus. Bei genauerer Betrachtung der einjährigen Probanden kann ein Anstieg der Deposition um 28,1 Prozentpunkte festgehalten werden. Bei fünfjährigen Versuchspersonen bemisst sich die Steigerung hingegen auf 10,6 Prozentpunkte und bei zehnjährigen Testsubjekten auf 2,5 Prozentpunkte. Innerhalb der Altersgruppe der 15-jährigen Probanden erfolgt laut Modellvorhersagen lediglich noch eine Erhöhung der Totaldeposition um 1,7 Prozentpunkte. Ein detaillierter statistischer Vergleich der Mittelwertsdaten zeigt recht deutlich, dass nur bei den ein- und fünfjährigen Versuchspersonen zum Teil mit signifikanten Differenzen gerechnet werden kann (Abb. 33/c). Zusammenfassend lässt sich aus den obigen Diagrammen der Schluss ziehen, dass eine Steigerung des inhalativen Flusses insbesondere bei mittelgroßen Partikeln eine deutliche Veränderung der Totaldeposition hervorruft.

3.2.2 Modifikation der bronchialen Morphometrie

Wie bereits zu Beginn des Kapitels kurz angeklungen ist, sind zahlreiche Lungenkrankheiten durch eine kontinuierliche Verringerung der Luftwegsdurchmesser gekennzeichnet. Dieses Phänomen kann als Folge einer dauerhaften bronchialen Muskelkontraktion (Asthma), einer übermäßigen bronchialen Schleimsekretion (chronische Bronchitis, COPD) oder einer ödematösen Veränderung des Epithelgewebes (Mukoviszidose) in Erscheinung treten. In all den genannten Fällen lässt sich mithilfe gezielter Inhalationstherapien eine deutliche Linderung der Krankheitssymptome herbeiführen. Grundsätzlich bewirkt eine Verengung der Luftwege bei nahezu gleichbleibenden Atmungskonditionen eine Steigerung der Strömungsgeschwindigkeit und des Strömungsdruckes im tracheobronchialen Luftwegsbaum, woraus wiederum zum Teil deutlich veränderte aerodynamische Bedingungen für inhalierte Teilchen resultieren. Manche Depositionsmechanismen wie Impaktion oder Interzeption erfahren durch die genannten Modifikationen eine signifikante Verstärkung, während andere wie Diffusion oder Sedimentation einer Abschwächung beziehungsweise Verschiebung in peripherere Lungenregionen unterzogen werden [84-93].

Um die Wirkung chronisch obstruktiver Lungenerkrankungen auf die Partikeldeposition in respiratorischen Systemen unterschiedlich alter Kinder gezielt untersuchen zu können, erfolgte eine konstante Reduktion aller inneren Luftwegsdurchmesser. In einem ersten Schritt wurden diese geometrischen Parameter um 25 % verringert, und in einem zweiten Schritt kam es schließlich zu einer entsprechenden Verminderung um 50 % (gemessen am Ausgangswert). Die mit den einzelnen Atmungszyklen verbundenen Volumina und Zeiten blieben der Einfachheit halber unverändert – ein Phänomen freilich, welches bei den oben beschriebenen Krankheiten nur in den frühen Phasen seine Gültigkeit besitzt. Wie schon bei den vergangenen Berechnungen des Computermodells wurde auch hier eine Mundatmung angenommen. Zudem gelangten wiederum drei verschiedene Teilchengrößen (0,001 µm, 0,1 µm, 10 µm) zur Verwendung, wobei für alle Partikelgruppen Einheitsdichte festgelegt wurde.

Die Ergebnisse der theoretischen Prädiktionen sind in der nachfolgenden Abb. 34 zusammengefasst. Bei Betrachtung der einzelnen Grafen fällt sofort auf, dass die Reduktion der Luftwegsdurchmesser unabhängig von der Teilchengröße eine Anhebung der Totaldeposition zur Folge hat. Mit Fortdauer der Krankheit und zunehmender Verengung der Bronchien und Bronchiolen steigt die Teilchenablagerung kontinuierlich an, wodurch sich je nach Art der inhalierten Partikel zusätzliche Komplikationen hinsichtlich des Krankheitsverlaufs ergeben können [18, 84-93].

Wenn man sein Augenmerk zunächst auf die Kleinstpartikel mit einem aerodynamischen Durchmesser von 0,001 µm richtet, kann man bei Kleinkindern (1 y) im Falle einer 25%igen Verringerung der Luftwegsdurchmesser eine Anhebung der Totaldeposition um 1,8 Prozentpunkte beobachten. Eine Reduktion der bronchialen und bronchiolären Kaliber auf die Hälfte der Ausgangswerte hat hingegen eine Erhöhung der Ablagerung um 3,0 Prozentpunkte zur Folge. Bei fünfjährigen Probanden steigen die Depositionswerte um 1,1 beziehungsweise 3,5 Prozentpunkte an, wohingegen zehnjährige Versuchspersonen durch entsprechende Erhöhungen der Beträge um 2,4 beziehungsweise 4,0 Prozentpunkte gekennzeichnet sind. Bei den ältesten Probanden schließlich liegt eine Steigerung der Depositionswerte um 2,4 beziehungsweise 4,1 Prozentpunkte vor (Abb. 34/a).

Mittelgroße Teilchen mit einem aerodynamischen Durchmesser von 0,1 μm zeichnen sich ebenfalls durch eine Erhöhung der Totaldeposition mit abnehmendem Luftwegsdurchmesser aus. Bei den jüngsten Probanden bemisst sich diese Zunahme der Ablagerung auf 0,6 Prozentpunkte im Falle einer 25%igen Durchmesserreduktion und auf 1,1 Prozentpunkte im Falle einer 50%igen Verringerung der bronchialen und bronchiolären Durchmesser. Fünfjährige Testsubjekte erfahren in den betreffenden Fällen eine Anhebung der Totaldeposition um 1,8 beziehungsweise 3,6 Prozentpunkte, während sich bei zehnjährigen Probanden die Erhöhungen der entsprechenden Beträge auf 3,1 beziehungsweise 6,3 Prozentpunkte belaufen. In der ältesten Versuchsgruppe schließlich können mithilfe des Computermodells Steigerungen der Totaldeposition um 3,4 beziehungsweise 7,0 Prozentpunkte vorhergesagt werden (Abb. 34/b).

Wenn man sich zuletzt noch den größten Teilchen mit einem aerodynamischen Durchmesser von 10 μm zuwendet, kann man auch hier eine Steigerung der Totaldeposition prädizieren, welche sich im Falle der jüngsten Probanden auf 7,6 (25%ige Verringerung der Luftwegsdurchmesser) beziehungsweise 13,6 Prozentpunkte (50%ige Verringerung der Luftwegsdurchmesser) beläuft. Bei fünfjährigen Versuchspersonen lässt sich die Steigerung der gesamten Partikelablagerung im respiratorischen Trakt mit 9,6 beziehungsweise 10,6 Prozentpunkte beziffern, wohingegen zehnjährige Probanden eine entsprechende Depositionserhöhung von 2,4 beziehungsweise 2,4 Prozentpunkte erfahren. Innerhalb der ältesten Versuchsgruppe schließlich steigt die gesamte Teilchenablagerung um 1,7 beziehungsweise 1,7 Prozentpunkte an (Abb. 34/c).

Die in den jeweiligen Diagrammen zur Darstellung gebrachten Abweichungen der Mittelwerte deuten darauf hin, dass innerhalb der untersuchten Altersgruppen zum Teil signifikante Unterschiede in Bezug auf die Totaldeposition vorliegen, zum Teil jedoch auch solche Differenzen gegeben sind, welche zumindest aus statistischer Sicht keine Signifikanz erkennen lassen und demzufolge vernachlässigt werden können.

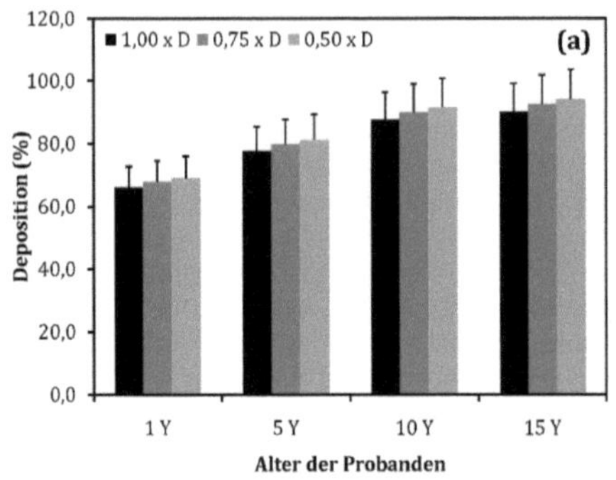

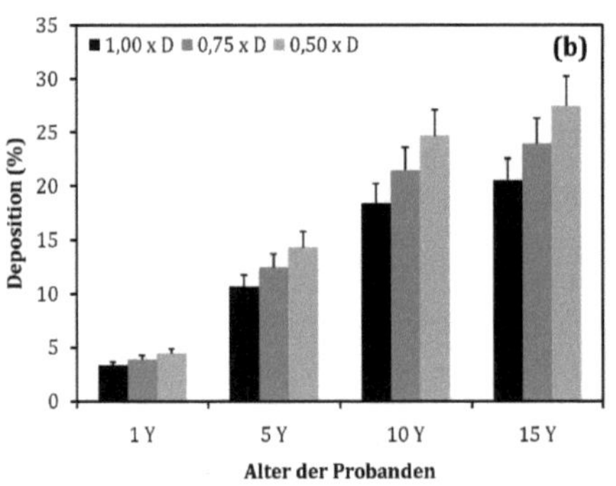

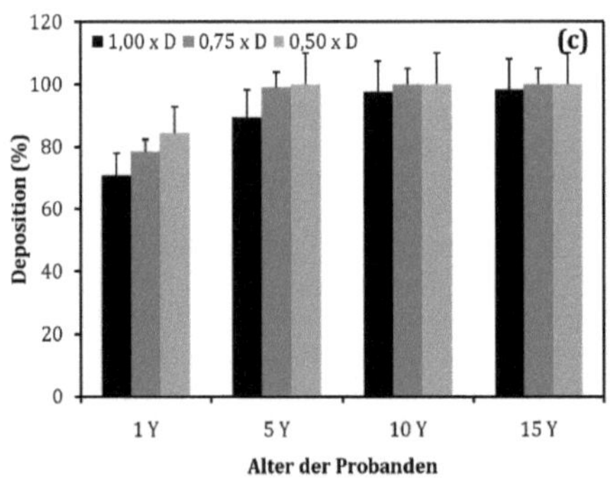

A34

Veränderung der bronchialen Luftwegsmorphometrie und ihre Wirkung auf die Totaldeposition bei vier unterschiedlichen Altersgruppen. Die Modellrechnungen wurden für Kleinstpartikel mit einem aerodynamischen Durchmesser von 0,001 µm (a), mittelgroße Teilchen mit einem Durchmesser von 0,1 µm (b) und große Partikel mit einem Durchmesser von 10 µm (c) durchgeführt.

3.2.2 Modifikation der alveolären Morphometrie

Neben der Beeinträchtigung der Luftwegsmorphometrie kann es im Krankheitsfall auch zu einer signifikanten Modifikation der alveolären Architektur kommen. Ein chronisch erhöhter Strömungsdruck sowie eine zumeist partikelinduzierte Autoimmunstörung können eine kontinuierliche Aufblähung der Lungenbläschen zur Folge haben. Dieses in der Lungenmedizin mit dem Terminus „Emphysem" bezeichnete Phänomen tritt insbesondere bei starken Rauchern auf, da die Partikel des Zigarettenrauchs sowohl eine Verengung des tracheobronchialen Luftwegsbaumes (chronische Bronchitis) als auch entsprechende Immunreaktionen in den Alveolen bewirken können [91, 92]. Auch Kinder, die unter chronisch obstruktiven Lungenerkrankungen leiden, sind in weiterer Folge zur Ausbildung verschiedener Typen von Emphysemen befähigt, wodurch Inhalationstherapien letztendlich eine deutliche Verkomplizierung erfahren. Grundsätzlich lassen sich vier Emphysemtypen unterscheiden, bei denen die zentroazinäre und paraseptale Ausprägung auf gewisse Lungenregionen beschränkt bleiben, während die panazinäre Variante den gesamten respiratorischen Bereich des Atemtraktes erfasst. Das bullöse Emphysem schließlich repräsentiert das Endstadium aller zuvor genannten Emphysemtypen und zeichnet sich durch Größen der Lungenbläschen im Zentimeterbereich aus [91, 92].

Für die nachfolgend vorgestellten Modellrechnungen wurde lediglich eine Vergrößerung der Alveolen, nicht jedoch deren zahlenmäßige Reduktion angenommen. Die Durchmesser der Lungenbläschen wurden in einem ersten Schritt um 100 % von 250 auf 500 µm und in einem zweiten Schritt um weitere 100 % von 500 auf 1000 µm (1 mm) gesteigert. Im ersten Fall liegt eine noch relativ milde Form des Emphysems vor, während im zweiten Fall ein mittlerer Grad der Krankheit zu attestieren ist. Wie schon bei den Modifikationen der Luftwegsmorphometrie wurden auch hier konstante Atmungsbedingungen mit entsprechenden Standardvolumina und -zeiten bei der Inhalation festgelegt. Neben Kleinstpartikeln mit einem aerodynamischen Durchmesser von 0,001 µm kamen wiederum mittelgroße Teilchen (0,1 µm) und große partikuläre Elemente (10 µm) zur Verwendung. Für all diese Teilchen wurde Einheitsdichte angenommen.

Die Resultate der Computersimulationen sind in der nachfolgenden Abb. 35 zusammengefasst. Bei näherer Betrachtung der einzelnen Diagramme zeigt sich sofort, dass eine Veränderung der alveolären Morphometrie einen mehr oder weniger deutlichen Einfluss auf die Totaldeposition der betreffenden Partikel ausübt. Dieser spiegelt sich unabhängig von der betrachteten Altersgruppe in einer Reduktion der Ablagerungswerte wider. Die Verringerung der Deposition wird dabei mit dem Grad des Emphysems recht deutlich intensiviert.

Wenn man sich zunächst den Kleinstpartikeln mit einem aerodynamischen Durchmesser von 0,001 µm zuwendet, kann man innerhalb der jüngsten

Probandengruppe (1 y) unter Zuhilfenahme des Computermodells bei Annahme eines Alveolendurchmessers von 500 μm eine Reduktion der Totaldeposition um 0,4 Prozentpunkte berechnen. Bei Verwendung eines Alveolendurchmessers von 1 mm beläuft sich die Verringerung der Teilchenablagerung hingegen auf 0,9 Prozentpunkte. Im Falle von fünfjährigen Testpersonen sind entsprechende Abnahmen der Totaldeposition von 0,5 beziehungsweise 1,1 Prozentpunkte zu beobachten, wohingegen sich die Verringerungen der Beträge bei zehnjährigen Probanden auf 0,6 beziehungsweise 1,2 Prozentpunkte belaufen. In der ältesten Testgruppe (15 y) kann schließlich noch eine Reduktion der Partikelablagerung von 0,6 beziehungsweise 1,3 Prozentpunkten simuliert werden (Abb. 35/a).

Bei näherer Betrachtung von Partikeln mit einem aerodynamischen Durchmesser von 0,1 μm kann innerhalb der Testgruppe mit den einjährigen Probanden eine Verringerung der Totaldeposition von 0,02 Prozentpunkten (Alveolendurchmesser von 500 μm) beziehungsweise von 0,22 Prozentpunkten (Alveolendurchmesser von 1 mm) prädiziert werden. Im Falle von fünfjährigen Probanden lassen sich die Abnahmen der Ablagerungswerte laut Modellvorhersagen mit 0,2 beziehungsweise 0,6 Prozentpunkten beziffern, während im Falle von zehnjährigen Testsubjekten Verringerungen der Totaldeposition von 0,4 beziehungsweise 1,1 Prozentpunkten zu erwarten sind. Bei den ältesten Versuchspersonen (15 y) belaufen sich die Reduktionen der entsprechenden Beträge auf 0,4 beziehungsweise 1,2 Prozentpunkte (Abb. 35/b).

In Bezug auf Teilchen mit einem aerodynamischen Durchmesser von 10 μm können im Allgemeinen sehr ähnliche Veränderungen der Totaldeposition beobachtet werden. Bei einjährigen Probanden lässt sich eine Reduktion der Partikelablagerung von 0,4 Prozentpunkten (Alveolendurchmesser von 500 μm) beziehungsweise von 1,0 Prozentpunkten (Alveolendurchmesser von 1 mm) vorhersagen. Kinder mit einem Alter von fünf Jahren zeichnen sich dagegen durch eine emphysembezogene Verringerung der Totaldeposition von 0,5 beziehungsweise 1,3 Prozentpunkten aus. Bei zehn Jahre alten Kindern ergeben sich gemäß Computermodell Abnahmen der Teilchenablagerung von 0,5 beziehungsweise 1,4 Prozentpunkten, wohingegen Jugendliche mit einem Alter von 15 Jahren entsprechende Reduktionen dieser Beträge von 0,5 beziehungsweise 1,4 Prozentpunkten erkennen lassen (Abb. 35/c).

Zusammenfassend lässt sich festhalten, dass emphysematöse Veränderungen der peripheren Lungenstruktur Hand in Hand mit einer Verringerung der Totaldeposition unterschiedlicher Teilchen gehen. Diese Reduktionen können allesamt aus statistischer Sicht als insignifikant bezeichnet werden.

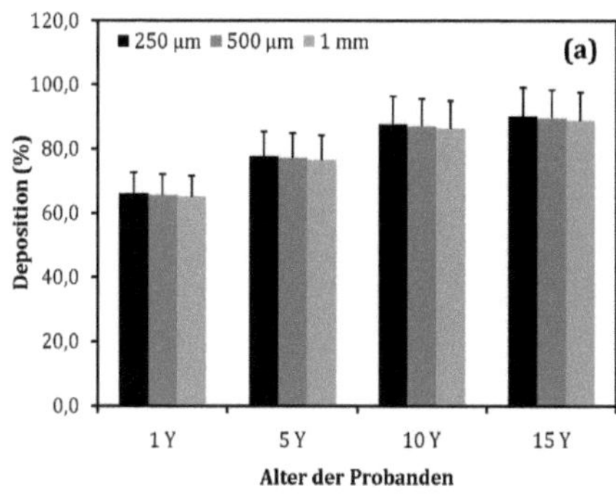

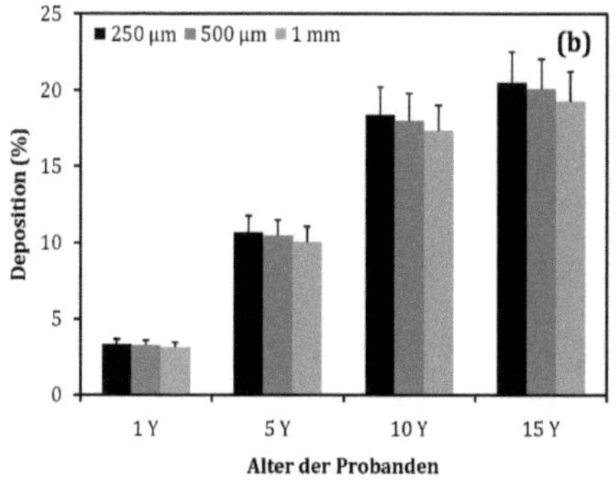

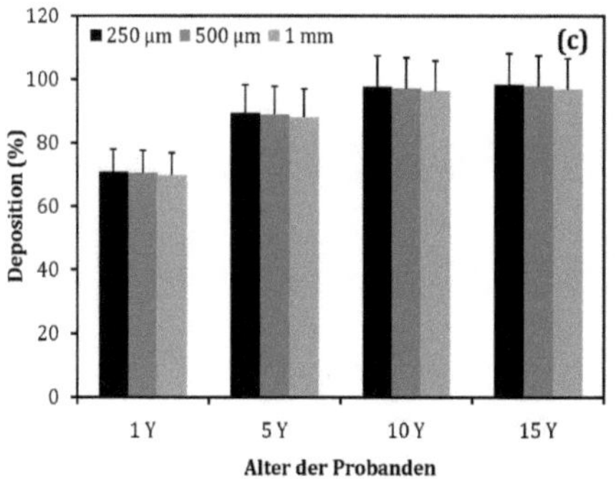

A35

Wirkung von Veränderungen der alveolären Morphometrie (Emphysem) auf die Totaldeposition bei vier unterschiedlichen Altersgruppen. Die Modellrechnungen wurden auch hier für drei verschiedene Teilchengrößen durchgeführt: (a) 0,001 μm, (b) 0,1 μm, (c) 10 μm.

4

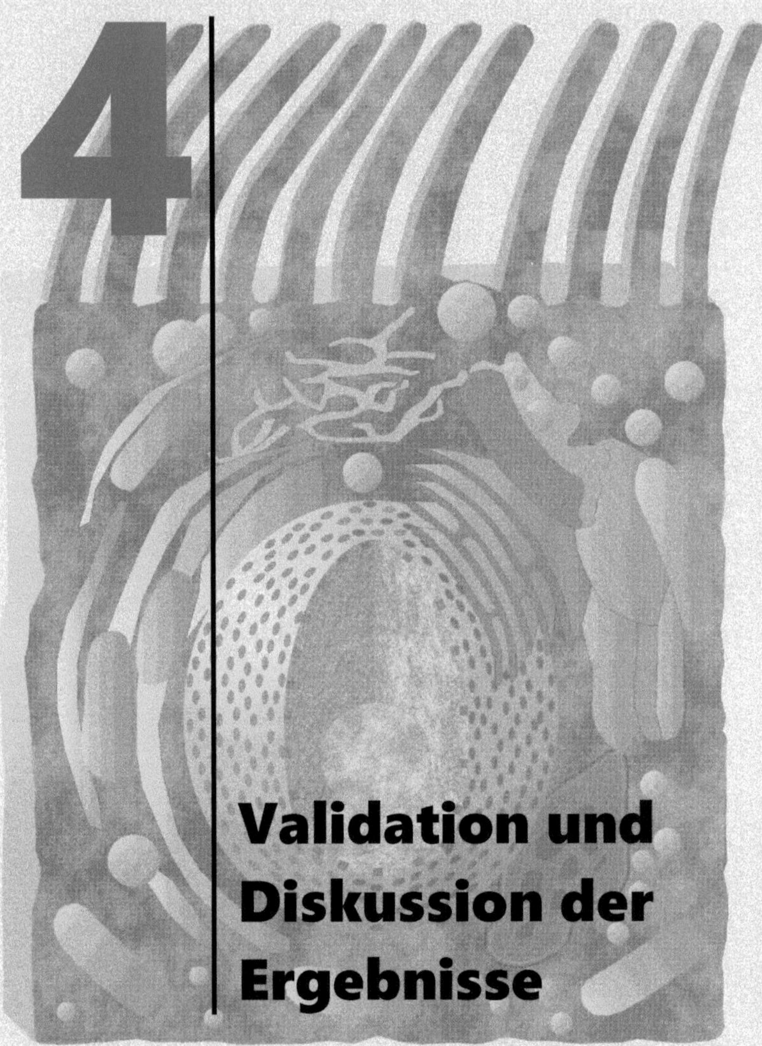

Validation und Diskussion der Ergebnisse

Im vorliegenden Buch gelangte zunächst ein mathematisches Modell zur Vorstellung, mit dessen Hilfe eine möglichst realitätsnahe Simulation der Teilchendeposition in der menschlichen Lunge gelingt. Die Näherung kann aus mehrerlei Hinsicht als bedeutender Meilenstein in einem mittlerweile fast 60 Jahre andauernden theoretischen Entwicklungsprozess betrachtet werden. Während sich frühe mathematische Approximationen ausschließlich einer deterministischen Lungenstruktur bedienten, basiert der hier verwendete Ansatz bereits auf einer stochastischen Architektur des respiratorischen Traktes, für deren Erstellung umfangreiche statistische Auswertungen von morphometrischen Daten zu tätigen waren [94, 95]. Die ersten Modelle waren aufgrund der starken geometrischen Simplifikationen lediglich zur Lieferung einheitlicher Depositionswerte befähigt, wohingegen neuere Näherungen komplexe Depositionsstatistiken mit dazugehörigen Lage- und Streuungsparametern zur Verfügung stellen können [83-95]. In früheren Ansätzen zur Teilchendeposition kamen lediglich empirische Formeln zur Deskription einzelner Prozesse der Partikelablagerung zur Verwendung; neue Approximationen erweitern ihr Formelspektrum sukzessive mit jenen Ergebnissen, welche aus Experimenten und numerischen Berechnungen stammen [244, 272, 282-304].

Mit dem stochastischen Lungen- und Teilchendepositionsmodell ist freilich noch lange nicht das Ende der Fahnenstange erreicht. Gegenwärtige Bestrebungen gehen in eine noch wesentlich komplexere Richtung, wobei die menschliche Lunge als fraktalgeometrisches System betrachtet beziehungsweise nach den Grundlagen der Chaostheorie gestaltet wird [126, 127]. Dies hat unter anderem zur Folge, dass die geometrischen Luftwegsparameter wie Durchmesser oder Länge innerhalb einer gegebenen Generation nicht mehr einer Normalverteilung folgen, sondern über eine Distribution mit zufällig positionierten Maxima und Minima definiert werden. Bereits frühere morphologische Analysen des Luftwegsbaumes konnten sehr deutlich demonstrieren, dass das bronchiale und bronchioläre Verzweigungssystem ab der vierten Luftwegsgeneration durch ein zunehmend chaotisches Verhalten gekennzeichnet ist [16, 18]. Hinsichtlich der Partikeldeposition wird immer öfter der Versuch einer numerischen Erfassung des gesamten Luftwegssystems unternommen. Dies bedeutet, dass man mit zum Teil enormem Rechenaufwand Strömungsfelder auf Basis der Navier-Stokes-Gleichung generiert und das Verhalten inhalierter Teilchen in diesen Feldern simuliert. Nachdem sich derartige numerische Ansätze zu Beginn des Jahrtausends noch auf einzelne Luftwegsbifurkationen beschränkt haben, erlaubt die stetig ansteigenden Computerleistung mittlerweile eine Ausweitung dieser Modelle auf immer größere Lungenbereiche. Die numerische

Approximation besitzt den großen Vorteil einer realistischen Darstellung des intrapulmonalen Partikeltransports und der damit verbundenen Ablagerung auf der epithelialen Oberfläche. Dies wiederum führt zu extrem genauen Vorhersagen des Teilchenverhaltens, wodurch für die Lungenmedizin schlussendlich ein noch braubareres Hilfsinstrument entsteht [16, 244]. Bei all der Euphorie darf freilich nicht in Vergessenheit geraten, dass numerische Modelle zwar realistische Strömungsbedingungen in den einzelnen Luftwegen zu simulieren vermögen, jedoch in Bezug auf chaotische Lungenstrukturen und komplexe Teilchengeometrien noch am Anfang stehen. Deshalb wird der stochastische Ansatz sicherlich noch längere Zeit das Standardmodell für entsprechende Partikeldepositionsberechnungen repräsentieren.

In Kapitel 2 wurde darauf hingewiesen, dass die meisten Partikel der Umgebungsluft sehr stark von der idealen kugelförmigen Geometrie abweichen, wodurch sich die Simulation ihres aerodynamischen Verhaltens in den verschiedenen Lungenstrukturen noch zusätzlich verkompliziert. Gemäß einer nach wie vor gültigen Vorgehensweise werden Teilchen mit sehr unregelmäßigen Formen (z. B. Staub- oder Dieselpartikel) durch sphärische Teilchen mit identischen aerodynamischen Eigenschaften ersetzt, auf welche in weiterer Folge alle möglichen Depositionsformeln angewendet werden können. Dieser Transformationsprozess erfordert die Definition etlicher Hilfsparameter, unter denen die dynamischen Formfaktoren, der Cunningham-Korrekturfakor sowie der aerodynamische Durchmesser exemplarisch genannt werden können. Gerade letztgenannte Größe hat sich in der Vergangenheit bei zahlreichen Simulationen als äußerst zuverlässig erwiesen, weshalb sie auch in Zukunft einer vermehrten Verwendung unterliegen wird [247-253]. Die Reduktion komplexer Teilchengeometrien auf die recht simple Kugelform birgt freilich auch einige Nachteile in sich. Nichtsphärische Partikel mit einer oder zwei Vorzugsrichtungen (Stäbchen beziehungsweise Plättchen) sind im Inhalationsstrom mehreren Kräften ausgesetzt, welche unter anderem auch dafür sorgen, dass auf die Objekte ein mehr oder weniger starkes Drehmoment (engl. torque) wirkt. Dieses wiederum vermag bei den Teilchen eine zum Teil sehr rasche Rotationsbewegung hervorzurufen, wodurch sich deren aerodynamisches Verhalten signifikant verändert [232-236]. Bei sehr kleinen anisometrischen Partikeln wirkt die umgebende Fluidphase (Luft) nicht mehr als Kontinuum, sondern in Form einzelner Gasmoleküle, welche mit dem Objekt kollidieren und damit dessen Transport maßgeblich zu beeinflussen vermögen. Die Abweichung von der idealen Kugelform bewirkt hier unter anderem eine räumliche Ungleichverteilung der Kollisionsereignisse, welche einen nicht unerheblichen Effekt auf die Partikeldeposition haben kann [16, 18]. Obwohl die experimentelle und theoretische Forschung auf dem Gebiet der Teilchenaerodynamik gerade in den vergangenen 40 bis 50 Jahren enorme Fortschritte gemacht hat, sind etliche Fragen in diesem Bereich noch nicht zufriedenstellend beantwortet worden, weshalb auf die Wissenschaft auch in Zukunft noch zahlreiche Herausforderungen warten. Alle Fortschritte hinsichtlich der Simulation komplexer Teilchengeometrien werden unmittelbar nach ihrer Publikation in das stochastische Transport- und Depositionsmodell implementiert, so dass sich eine kontinuierliche Verfeinerung des mathematischen Ansatzes ergibt.

4.2 Teilchendeposition in Kinderlungen

Die in Kapitel 3 vorgestellte Totaldeposition inhalierter Partikel zeigt bei allen behandelten Altersgruppen (1 y, 5 y, 10 y, 15 y) eine ähnliche Abhängigkeit vom aerodynamischen Teilchendurchmesser. Demnach werden Kleinstpartikel (0,001 µm) zu sehr hohen Anteilen (70 – 95 %) in den einzelnen Strukturen des respiratorischen Traktes abgelagert. Mit zunehmender Partikelgröße sinkt die Totaldeposition kontinuierlich ab, ehe bei einem aerodynamischen Durchmesser von ungefähr 0,5 µm der Wendepunkt erreicht wird und die Ablagerung von da an wieder einem drastischen Anstieg unterliegt. Im Endeffekt entsteht also eine U-förmige Kurve, welche in den jeweiligen Altersgruppen eine sehr spezifische Ausprägung besitzt. Bei den jüngsten Probanden ist die Kurve durch ein breites Minimum gekennzeichnet, das mit fortschreitendem Alter jedoch immer schmäler wird.

Die hohen Depositionswerte innerhalb des von 0,001 bis 0,01 µm reichenden Größenintervalls können im Wesentlichen auf die starke Wirkung der Brown'schen Bewegung (Diffusion) als maßgeblicher Ablagerungsmechanismus zurückgeführt werden. Die in hohem Maße wirksame Diffusion lenkt die Partikel sehr rasch von ihrer axialen Bewegungsrichtung ab und sorgt für deren signifikanten lateralen Versatz innerhalb kürzester Zeitabschnitte. Dadurch wird wiederum die Wahrscheinlichkeit eines Aufpralls der Teilchen auf der epithelialen Oberfläche sehr deutlich gesteigert. Das Modell prädiziert für Kleinkinder mit ihren wesentlich kleineren Lungenstrukturen interessanterweise eine niedrigere Totaldeposition der Kleinstpartikel als für ältere Probanden mit ihren größeren Lungenstrukturen. Dieses zunächst eher widersprüchlich wirkende Phänomen kann im Allgemeinen darauf zurückgeführt werden, dass die jüngsten Testpersonen ihre Lungen nur mit relativ geringen Luftvolumina versorgen und demzufolge über eine flache, aus sehr kurzen Inhalations- und Exhalationsphasen bestehende Atmung verfügen. Diese beiden Faktoren führen zu einer teils drastischen Verminderung der für den Diffusionsprozess zur Verfügung stehenden Zeit und damit auch der von den inhalierten Partikeln zurückgelegten Diffusionsstrecken [16, 18, 94, 95, 125].

Teilchen innerhalb des von 0,05 μm bis 1,0 μm reichenden Größenbereichs zeichnen sich ganz grundsätzlich durch eine deutlich reduzierte Totaldeposition aus. Dieses Phänomen kann im Wesentlichen darauf zurückgeführt werden, dass betreffende Partikel bereits zu groß für eine effektive diffusive Wirkung sind, jedoch noch nicht über jene Masse verfügen, bei welcher Impaktion oder Sedimentation ihre volle Effizienz zu entfalten vermögen [16, 18]. Der für Kleinkinder zu konstatierende breitere Bereich des Ablagerungsminimums kann wiederum auf die äußerst eigentümlichen Atmungsgewohnheiten dieser Probandengruppe zurückgeführt werden. Die sehr flache Atmung hat nämlich nicht nur eine drastische Verminderung der Diffusionseffizienz zur Folge, sondern führt darüber hinaus auch noch zu einer maßgeblichen Reduktion der Sedimentation, welche im partikulären Größenbereich von 0,5 μm bis 1,0 μm bereits eine messbare Entfaltung besitzt [18, 95]. Mit fortschreitendem Alter erfährt der Atmungszyklus eine permanente Verlängerung, wodurch den Partikeln des eingangs erwähnten Größenbereichs wesentlich mehr Verweilzeit in den einzelnen Lungenstrukturen zur Verfügung steht. Da sowohl die Diffusion als auch die Sedimentation zeitabhängige Mechanismen repräsentieren, tritt schlussendlich eine zum Teil markante Erhöhung der Depositionswahrscheinlichkeit auf [15, 18, 95].

Die größten im Rahmen dieser Abhandlung betrachteten Teilchen (aerodynamischer Durchmesser: 10 μm) zeichnen sich unabhängig von der Altersgruppe durch ein deutliches Maximum der Totaldeposition aus, welches von knapp 71 % bei Kleinkindern bis über 98 % bei 15-jährigen Probanden reicht. Grundsätzlich ist dieser ausgeprägte Höchstwert, der das Depositionsmaximum der Kleinstpartikel noch zu übertreffen vermag, darauf zurückzuführen, dass Impaktion, Interzeption und Sedimentation nunmehr ihre volle Wirkung zu entfalten vermögen. Impaktion und Interzeption werden über die Stokes-Zahl definiert (Kapitel 2), in welche wiederum der aerodynamische Durchmesser und die Teilchendichte als wichtige Partikelgrößen einfließen. Auch die Sedimentation stellt gemäß empirischen und analytischen Formeln einen Depositionsmechanismus mit deutlichem Bezug zu Partikelgröße und -masse dar [16, 18]. Durch die bei Kleinkindern übliche flache Atmung erfolgt gerade in den obersten Luftwegen eine zum Teil signifikante Reduktion der Strömungsgeschwindigkeiten, wodurch Impaktion und Interzeption ein wenig an Effizienz verlieren. Mit fortschreitendem Alter der Probanden wird das Atmungsmuster einer kontinuierlichen Veränderung unterzogen, um den steigenden Sauerstoffbedarf einzelner Körperorgane abdecken zu können. Höhere Inhalationsvolumina und -zeiten bewirken letztendlich eine tiefere Atmung mit entsprechenden Erhöhungen der Strömungsgeschwindigkeiten und Depositionswerte [16, 18].

Hinsichtlich der Totaldeposition von inhalierten Partikeln im respiratorischen Trakt wurde das Computermodell in der näheren Vergangenheit einer umfangreichen Validation unterzogen. Der gezielte Vergleich von experimentellen mit theoretischen Daten zeigte dabei sehr deutlich, dass die mathematische Näherung in ihrer aktuellen Form bereits über eine zum Teil sehr hohe Vorhersagegenauigkeit verfügt [16, 95]. Neueren Studien zufolge kann diese Bewertung auch auf Kinderlungen und respiratorische Systeme mit durch Krankheiten veränderten bronchialen und alveolären Strukturen ausgedehnt werden [9, 13]. Direkte numerische oder grafische Gegenüberstellungen von Resultaten aus Experimenten und Modellrechnungen zeigten für gewöhnlich Differenzen zwischen entsprechenden Werten, welche sich durchweg im niedrigen Prozentbereich bewegten. Demzufolge kann hier der Schluss gezogen werden, dass das Computermodell in den meisten Fällen brauchbare Daten liefert, die unter anderem für Forschungs- und Diagnosezwecke genutzt werden können [4-10, 16, 18].

Wenn man den Blick weiter auf die regionale Deposition richtet, kann man aus den im vorigen Kapitel vorgestellten Berechnungen mehrere interessante Erkenntnisse gewinnen. Die extrathorakale Ablagerung von eingeatmeten Partikeln zeichnet sich durch Maxima bei kleinsten und größten Teilchendurchmessern und ein deutliches Minimum bei mittleren Teilchengrößen aus. Zudem stellt die Effizienz des Filterungsprozesses in den oberhalb der Luftröhre gelegenen Strukturen eine nahezu altersunabhängige Größe dar. Die hohen Ablagerungswerte für Kleinstpartikel und große Teilchen stehen wiederum in unmittelbarem Zusammenhang mit den auf die jeweiligen Objekte wirkenden Depositionsmechanismen. Bei Teilchen mit extrem reduzierter Größe vermag die Brown'sche Bewegung bereits in den obersten Luftwegen des respiratorischen Traktes ihre maximale Wirkung zu entfalten, wodurch eine Vielzahl an Teilchen mit der epithelialen Wand in Mundhöhle, Oropharynx oder Larynx kollidiert [13, 16]. Im Falle der großen Partikel beginnt die Impaktion schon sehr frühzeitig zu greifen. Dieser Depositionsmechanismus erfährt noch zusätzlich durch den Umstand, dass im Mundbereich und nachgeschalteten Oropharynx rasche Richtungswechsel der inhalierten Luft stattfinden, seine Verstärkung. Viele der eingeatmeten Partikel treffen unter anderem auf der Zungenoberseite, der Wangenschleimhaut oder dem hinteren Gaumendach auf, bevor sie überhaupt in die Nähe des tracheobronchialen Luftwegsbaumes gelangen können [16, 18]. Teilchen im Größenbereich zwischen 0,05 und 1,0 µm zeichnen sich, wie schon mehrfach festgestellt werden konnte, durch ihre zum Teil stark reduzierte Wirkung der jeweiligen Depositionsmechanismen aus, so dass ihnen schlussendlich ein deutlich erleichterter Transport in die tieferen Lungenbereiche mit ihren unterschiedlichen Strukturen beschieden ist [16, 18, 94, 95, 125].

Die Teilchendeposition in den bronchialen und bronchiolären Luftwegen zeichnet sich bei allen betrachteten Altersgruppen durch ein deutlich ausgeprägtes Maximum im Partikelgrößenbereich zwischen 0,005 und 0,01 µm aus. Ein weiterer Höchstwert dieser bimodalen Verteilung tritt bei Partikelgrößen zwischen 1,0 und 5,0 µm auf. Grundsätzlich lässt sich ein derartiges Verteilungsmuster auf die Effizienz beziehungsweise Wechselwirkung der einzelnen Ablagerungsmechanismen zurückführen. Die kleineren Partikel vermögen sich bereits über weite Strecken der starken diffusiven Wirkung im extrathorakalen Bereich zu entziehen und können dadurch über die inhalative Luftströmung in die tieferen Lungenbereiche vordringen. In diesen kleinräumigeren Strukturen führt die Brown'sche Bewegung schlussendlich zu einer merklichen Anhebung der Kollisionsereignisse zwischen Teilchen und epithelialer Wand [16, 18]. Die größeren Partikel werden in der extrathorakalen Region nur in reduziertem Maße von der Impaktion erfasst und zeichnen sich dadurch ebenfalls durch eine Penetration in tiefere Lungenbereiche aus. Dort werden sie verstärkt von der Sedimentation erfasst und infolge der Schwerkraft auf der Oberfläche der Luftwege abgelagert [18, 95]. Die Intensität der bronchialen Teilchendeposition nimmt mit fortschreitendem Alter sehr deutlich zu, was auf die bereits diskutierten Änderungen der Atemvolumina und Inhalationszeiten zurückgeführt werden kann [9, 13].

Die Partikeldeposition in den Lungenbläschen zeichnet sich im Allgemeinen durch eine im Vergleich zur extrathorakalen und tubulären Ablagerung fortgesetzte Verschiebung der Maxima in Richtung mittlerer Teilchengrößen aus. Die Höchstwerte sind hier etwa bei partikulären Durchmessern von 0,01 µm beziehungsweise 1,0 µm angesiedelt, wobei ihre Position vom Alter der jeweils betrachteten Probanden nahezu unbeeinflusst bleibt. Die bereits für die tubuläre Deposition geschilderten Phänomene stellen auch hier die wesentliche Grundlage für die Erzeugung derartiger Ablagerungsmuster dar. Je näher man auf der Skala der aerodynamischen Durchmesser in Richtung mittlere Teilchengrößen rückt, desto stärker verlieren die einzelnen Depositionsmechanismen an Effizienz [9, 16]. Dies hat freilich zur Folge, dass gerade jene Partikel, welche den oben genannten Maxima zugeordnet werden können, in die tiefsten Lungenstrukturen (Alveolen) vorzudringen vermögen, wo sie schließlich infolge der zum Teil extrem geringen strukturellen Ausdehnungen zur Ablagerung gelangen können [16, 18]. Der Vollständigkeit halber sei in diesem Zusammenhang auch noch erwähnt, dass jene Partikel mit der geringsten Erfassung durch Depositionsmechanismen aller Art kaum eine intrapulmonale Ablagerung erfahren und deshalb zum größten Teil wieder exhaliert werden.

Wenn man sich zuletzt noch der Teilchendeposition in einzelnen Luftwegsgenerationen und ihrer möglichen Altersabhängigkeit zuwendet, erhält man weitestgehend eine Bestätigung jener oben getätigten Aussagen. Ein

Blick auf die jeweiligen Depositionsmuster zeigt recht deutlich, dass Kleinstpartikel und große Teilchen bevorzugt in den obersten Luftwegen zur Ablagerung gelangen, mittelgroße Partikel dagegen in die tieferen Strukturen des respiratorischen Traktes vorzudringen vermögen. Im Falle der kleinsten Teilchen gelten Luftröhre (Generation 0) und Hauptbronchien (Generation 1) als Bereiche maximaler Ablagerung, wodurch diesen tubulären Elementen eine Art Filterfunktion zuteilwird, mit deren Hilfe die sensitiveren Regionen der Lunge vor allzu großer Partikelbelastung bewahrt werden. Dieses essenzielle Phänomen lässt sich auch für große Teilchen konstatieren, die in den obersten Luftwegsgenerationen zur Impaktion gelangen und dadurch bei normalen Atmungsbedingungen nicht mehr in tiefere Regionen des respiratorischen Traktes vordringen können [9, 13]. Bei den mittelgroßen Partikeln geht die Filterwirkung der proximalen Luftwegsgenerationen über weite Strecken verloren, wodurch diesen Objekten letztendlich größere Eindringtiefen beschieden sind. Dieser Umstand spielt in der Umweltmedizin eine ebenso wichtige Rolle wie in der Pneumologie. Im ersten Fall richtet sich das Hauptaugenmerk auf jene Teilchen der Umgebungsluft, welche im Größenbereich zwischen 50 nm und 1 µm liegen und bei ihrer inhalativen Aufnahme als potenzielle Gesundheitsgefahr gelten. Im zweiten Fall hingegen stellt die Teilchengröße einen wichtigen Faktor für die Kreation effizienter Inhalationstherapien dar, wie sie etwa bei Asthmatikern oder Patienten mit chronisch obstruktiven Lungenerkrankungen zur Anwendung kommen [83-93].

Während die Depositionsmaxima von Kleinstpartikeln und großen Teilchen hinsichtlich ihrer Position eine weitestgehende Altersunabhängigkeit aufweisen, tritt bei mittelgroßen Partikeln mit zunehmendem Alter der Probanden eine fortwährende distale Verschiebung der Peaks auf. Dieses für die Lungenmedizin nicht unerhebliche Phänomen ist wiederum im Zusammenhang mit den sich stetig verändernden Atmungsbedingungen zu sehen. Die Erhöhung des Tidalvolumens und der Dauer des Atmungszyklus bewirkt insgesamt eine zunehmende Atmungstiefe (siehe oben), durch welche inhalierte Partikel schlussendlich längere Transportstrecken zurückzulegen vermögen. Bei mittelgroßen Teilchen drückt sich dieser Umstand durch den genannten Versatz der Ablagerungsmaxima aus [9, 13, 16, 18].

Wie bereits im vorangegangenen Kapitel ausführlich dargelegt wurde, spiegelt sich die Intensität physischer Aktivität in den Atmungsbedingungen wider, wobei mit dem Grad der körperlichen Anstrengung sowohl die Anzahl der Atemzüge pro Zeiteinheit als auch die Menge der pro Atmungszyklus aufgenommenen Luft anwächst. Aus physikalischer Sicht tritt hier eine Steigerung der sogenannten inhalativen beziehungsweise exhalativen Flussrate auf, welche das den Lungen zugeführte oder aus dem respiratorischen System abgeführte Luftvolumen pro Zeiteinheit (in der Regel pro Sekunde) bezeichnet. Flussraten unter 30 l/min deuten per definitionem auf eher geringe physische Aktivität hin, während Flussraten über 60 l/min als Indikator für schwere körperliche Tätigkeit gelten [16, 18]. Diese Adultwerte können bei Anwendung entsprechender Skalierungsfaktoren (Kapitel 2) auch auf Kinder verschiedener Altersgruppen übertragen werden [9, 13]. Grundsätzlich führt eine Erhöhung der Flussrate zu einer Anhebung der Totaldeposition inhalierter Partikel. Diese Steigerung kann für nahezu alle Teilchengrößen und die gesamte Grundmenge der Probanden beobachtet werden. Mit der Vergrößerung der Flussrate steigt im Allgemeinen auch die Strömungsgeschwindigkeit in den einzelnen tubulären Strukturen an, was bei kleinen und mittelgroßen Partikeln einen erhöhten Transport in periphere Lungenbereiche, bei großen Teilchen hingegen eine vermehrte Impaktion in den oberen Luftwegen zur Folge hat. Die vermehrt in die Lungenperipherie gelangenden partikulären Objekte erreichen im Zuge ihrer intrapulmonalen Verfrachtung bronchioläre und alveoläre Strukturen, welche in Bezug auf ihre Größe lediglich einen Bruchteil eines Millimeters messen und deshalb als bevorzugte Orte für alle möglichen Depositionsszenarien gelten [16, 18]. Wird ein gewisser Grenzwert der Flussrate überschritten, sinkt die Verweildauer der Partikel in den einzelnen Strukturen so stark ab, dass die Ablagerungswahrscheinlichkeit innerhalb dieses gegebenen Zeitraums signifikant abnimmt und ein drastischer Anstieg der exhalierten Teilchenmenge erfolgt [16, 18, 125].

Wie in den Abschnitten 3.2.2 und 3.2.3 sehr klar demonstriert werden konnte, gehen krankheitsinduzierte Veränderungen der Lungenarchitektur Hand in Hand mit Modifikationen der Teilchenablagerung. Verengungen der luftleitenden Strukturen, welche bei zahlreichen chronisch obstruktiven Erkrankungen beobachtet werden können, haben im Allgemeinen einen Anstieg der Totaldeposition inhalierter Partikel zur Folge, wohingegen emphysematöse Erweiterungen der Lungenbläschen zu einer merklichen Absenkung der Ablagerung führen. Derartige strukturbasierte Einflussnahmen auf die Deposition treten in allen Altersgruppen mit nahezu konstanter Intensität auf [9, 13]. Die Verringerung der Luftwegsdurchmesser führt bei Annahme konstanter Atmungsbedingungen zu einer kontinuierlichen Steigerung der tubulären Strömungsgeschwindigkeit mit den bereits weiter oben beschriebenen Konsequenzen für Partikeltransport und -ablagerung [16-18]. Hier muss zusätzlich betont werden, dass sich die Targetregionen zahlreicher Teilchen (Orte mit bevorzugter Deposition) bei Patienten mit chronisch obstruktiver Lungenerkrankung zunächst in peripherere Lungenbereiche verschieben. Dieses Phänomen verliert jedoch durch die zunehmende Abflachung der Atmung wieder sukzessive an Bedeutung [9, 13]. Die Erweiterung der Lungenbläschen bewirkt in der Regel eine Erhöhung der intraalveolären Diffusions- beziehungsweise Sedimentationsstrecken all jener Partikel, welche über die tracheobronchialen Strukturen in die Lungenperipherie gelangt sind. Dies wiederum führt innerhalb eines gegebenen Zeitintervalls zu einer deutlichen Reduktion der alveolären Deposition und damit auch zu einer Verminderung der gesamten Teilchenablagerung. Die auch bei Patienten mit Emphysem zu beobachtende sukzessive Abflachung der Atmung bewirkt eine Verringerung der Verweilzeit einzelner Teilchen in den Lungenbläschen und damit eine nochmalige Herabsetzung der Totaldeposition.

4.3 Schlussbemerkungen

Die vorliegende Abhandlung versuchte auf Basis theoretischer Modellrechnungen Hinweise dafür zu liefern, dass die Deposition inhalierter Teilchen ein Phänomen darstellt, welches im Laufe der Kindes- und Jugendentwicklung deutlichen Veränderungen unterliegt. Anhand der in Kapitel 2 vorgestellten mathematischen Näherung, die sich einer stochastischen Lungenarchitektur bedient, konnte unter anderem demonstriert werden, dass sich je nach betrachteter Partikelgröße altersspezifische Depositionsmuster in den einzelnen Strukturen des respiratorischen Traktes ausbilden können. Aus den in Kapitel 3 vorgestellten Modellvorhersagen können folgende wichtige Schlüsse gezogen werden:

1. Die Totaldeposition inhalierter Partikel nimmt von Kleinkindern (1 y) hin zu Jugendlichen (15 y) kontinuierlich zu. Dieses Phänomen kann vorwiegend auf die sich stetig verändernden Atmungsbedingungen zurückgeführt werden.
2. Die altersbedingten Änderungen der Totaldeposition wirken sich unmittelbar auch auf die regionale Teilchenablagerung aus. Extrathorakale, tubuläre und alveoläre Deposition nehmen mit dem Alter zu.
3. Während Kleinstpartikel (0,001 µm) und große Teilchen (10 µm) hauptsächlich in den extrathorakalen Luftwegen, der Trachea und den Hauptbronchien zur Ablagerung gelangen, erfolgt die Deposition mittelgroßer Partikel in wesentlich tieferen Lungenbereichen.
4. Auch generationenbezogene Depositionsmuster sind durch eine Altersabhängigkeit gekennzeichnet, da sich Ablagerungsmaxima mit zunehmendem Alter in distalere Lungenregionen verschieben. Dieses Phänomen steht wiederum in unmittelbarem Zusammenhang mit den innerhalb der einzelnen Altersgruppen auftre-

tenden Atmungsbedingungen. Während Kleinkinder eine flache Atmung mit zahlreichen Atemzügen pro Zeiteinheit besitzen, zeichnen sich ältere Kinder und Jugendliche durch eine tiefere Atmung mit Zunahme des Tidalvolumens und Abnahme der Atmungsfrequenz aus.

5. Bei zunehmender physischer Belastung erfolgt eine kontinuierliche Steigerung der inhalativen und exhalativen Flussrate (Luftvolumen pro Zeiteinheit). Dies hat wiederum zur Folge, dass die Depositionswerte unabhängig von Alter und Teilchengröße angehoben werden.

6. Durch Lungenkrankheiten induzierte Veränderungen einzelner Strukturen des respiratorischen Traktes führen im Allgemeinen zu einer teils signifikanten Modifikation der totalen Teilchendeposition. Während eine Verengung der Luftwege, wie sie unter anderem bei chronisch obstruktiven Lungenerkrankungen auftritt, eine permanente Erhöhung der Ablagerung zur Folge hat, bewirkt eine emphysematöse Veränderung (Aufblähung) der Lungenbläschen eine kontinuierliche Reduktion der Deposition.

Die oben genannten Punkte bringen recht deutlich zum Ausdruck, dass die einzelnen im Rahmen dieser Monografie untersuchten Altersgruppen sehr klar herausarbeitbare Eigenheiten in Bezug auf die Partikeldeposition erkennen lassen, welche in der Umwelt- und Lungenmedizin ihre gebührende Berücksichtigung finden sollten. Gerade der zuletzt genannte Forschungsbereich sollte beispielsweise bei der Entwicklung von Inhalationstherapien über umfangreiche experimentelle und theoretische Kenntnisse hinsichtlich des Partikelverhaltens im intrapulmonalen Luftstrom verfügen.

Die zukünftige theoretische Forschung wird insbesondere mit der fortlaufenden Verbesserung des Lungenmodells und der mathematischen Näherungen zu den einzelnen Depositionsmechanismen befasst sein. Im ersten Fall gelangen bereits seit einiger Zeit chaostheoretische Ansätze zur Beschreibung der Lungenarchitektur zur Anwendung, welche jedoch noch einem ausgedehnten Validationsprozess unterzogen und nachfolgend in die Depositionsmodelle implementiert werden müssen. Im zweiten Fall scheint der numerische Ansatz die zukünftige Modellentwicklung entscheidend zu bestimmen, wobei hier ganzheitliche Approximationen, welche das Partikelverhalten in der gesamten Lunge zu beschreiben vermögen, noch ausstehen.

Literatur

[1]   Mauderly, J. L., Hahn, F. F. (1982). Advances in Veterinary Science and Comparative Medicine: The Respiratory System. Vol. 26. New York, Academic Press.

[2]   Welsch, U. (2003). Lehrbuch Histologie. München, Elsevier.

[3]   Junqueira, L. C., Carnero, J., Kelley, R. O., Gratzl, M. (Hg.) (2002). Histologie. Berlin, Heidelberg, Springer.

[4]   Sturm, R. (2011). A theoretical approach to the deposition of cancer-inducing asbestos fibers in the human respiratory tract. The Open Lung Cancer Journal 2, 1-11.

[5]   Sturm, R. (2012). Modeling the deposition of bioaerosols with variable size and shape in the human respiratory tract–A review. Journal of Advanced Research 3, 295-304.

[6]   Sturm, R. (2010). Deposition and cellular interaction of cancer-inducing particles in the human respiratory tract: Theoretical approaches and experimental data. Thoracic Cancer 1, 141-152.

[7]   Sturm, R. (2010). Theoretical approach to the hit probability of lung-cancer-sensitive epithelial cells by mineral fibers with various aspect ratios. Thoracic Cancer 1, 116-125.

[8]   Sturm, R. (2016). A stochastic model of carbon nanotube deposition in the airways and alveoli of the human respiratory tract. Inhalation Toxicology 28, 49-60.

[9]   Sturm, R. (2012). Theoretical models of carcinogenic particle deposition and clearance in children's lungs. Journal of Thoracic Disease 4, 368-376.

[10]   Sturm, R. (2012). A computer model for the simulation of nonspherical particle dynamics in the human respiratory tract. Physics Research International 2012, 1-11.

[11]   Sturm, R. (2013). Theoretical deposition of carcinogenic particle aggregates in the upper respiratory tract. Annals of translational medicine 1, 25.

[12]   Sturm, R. (2014). Clearance of carbon nanotubes in the human respiratory tract—a theoretical approach. Annals of Translational Medicine 2, 46.

[13]   Sturm, R. (2008). Modeling deposition and clearance of insoluble particle in human lung airways. VDM, Saarbrücken.

[14]   Sturm, R. (2013). Random walk models in biophysical sciences: particle transport in the human respiratory tract. In: Skogseid, A., Fasano, V. (eds.), Statistical mechanics and random walk: principles, processes and applications, Nova Science, New York, pp. 117-134.

[15] Sturm, R. (2014). Lungen-Clearance. Physikalische Modelle zu den Reinigungsmechanismen im respiratorischen Trakt. Cuvillier, Göttingen.

[16] Sturm, R. (2015). Deposition von Bioaerosolen im menschlichen Respirationstrakt. Logos-Verlag, Berlin.

[17] Sturm, R. (2011). A computer model for the simulation of fiber–cell interaction in the alveolar region of the respiratory tract. Computers in Biology and Medicine 41, 565-573.

[18] International Commission on Radiological Protection (ICRP). (1994). Human respiratory tract model for radiological protection, Publication 66. Oxford, Pergamon Press.

[19] IARC (1987). Overall evaluations of carcinogenicity: an updating of IARC Monographs volumes 1 to 42. IARC Monogr. Eval. Carcinog. Risks Hum. Suppl. 7, 1-440.

[20] IARC (1985). Polynuclear aromatic compounds, Part 4, bitumens, coal-tars and derived products, shale-oils and soots. IARC Monogr. Eval. Carcinog. Risks Chem. Hum. 35, 1-247.

[21] IARC. (1996). IARC Monographs on the evaluation of carcinogenic risks to humans. Volume 65. Printing processes and printing inks, carbon black and some nitro compounds. Lyon, International Agency for Research on Cancer. World Health Organisation.

[22] IARC (2010). Some non-heterocyclic polycyclic aromatic hydrocarbons and some related exposures. IARC Monogr. Eval. Carcinog. Risks Hum. 92, 1-853.

[23] Sturm, R. (2007). A computer model for the clearance of insoluble particles from the tracheobronchial tree of the human lung. Computers in Biology and Medicine 37, 680-690.

[24] Sturm, R., Hofmann, W., Balásházy, I. (2002). Generation-specific correction factors for impaction deposition in bronchial airways. Proceedings of the IAC, Taiwan, Volume 2002, 801-802.

[25] Sturm, R., Hofmann, W., Balásházy, I. (2002). Monte Carlo simulation of the mucus delay at carinal ridges of the tracheobronchial tree. Proceedings of the IAC, Taiwan, Volume 2002, 1012-1013.

[26] Sturm, R., Winkler-Heil, R., Hofmann, W. (2002). Modeling mucociliary clearance in cystic fibrosis patients. Proceedings of the IAC, Taiwan, Volume 2002, 1205-1206.

[27] Asgharian, B., Hofmann, W., Miller, F. J. (2001). Mucociliary clearance of insoluble particles from the tracheobronchial airways of the human lung. Journal of Aerosol Science 32, 817-832.

[28] Hofmann, W., Sturm, R., Asgharian, B. (2001). Stochastic simulation of particle clearance in human bronchial airways. Journal of Aerosol Science 32, S807-S808.

[29]   Hofmann, W., Sturm, R., Winkler-Heil, R., Pawlak, E. (2003). Stocha-
       stic model of ultrafine particle deposition and clearance in the hu-
       man respiratory tract. Radiation Protection Dosimetry 105 (1-4), 77-
       79.

[30]   Hofmann, W., Sturm, R., Ahmed, M. (2003). Modeling ultrafine
       particle deposition and clearance in the human respiratory tract.
       Proceedings of the international Technion Symposion on Particulate
       Matter, Vienna, Volume 5, 145-150.

[31]   Hofmann, W., Sturm, R. (2004). Stochastic model of particle clearance
       in human bronchial airways. Journal of Aerosol Medicine 17, 73-89.

[32]   Sturm, R. (2011). An advanced stochastic model for mucociliary
       particle clearance in cystic fibrosis lungs. Journal of Thoracic Disease
       4, 48-57.

[33]   Sturm, R. (2011). Age-dependence and intersubject variability of
       tracheobronchial particle clearance. Pneumon 24, 77-84.

[34]   Sturm, R. (2013). A three-dimensional model of tracheobronchial
       particle distribution during mucociliary clearance in the human
       respiratory tract. Zeitschrift für medizinische Physik 23, 111-119.

[35]   Sturm, R. (2013). Theoretical models for the simulation of particle
       deposition and tracheobronchial clearance in lungs of patients with
       chronic bronchitis. Annals of Translational Medicine 1, 3.

[36]   Sturm, R. (2016). An advanced mathematical model of slow
       bronchial clearance in the human respiratory tract. Computational
       and Mathematical Biology 5, 2.

[37]   Sturm, R. (2017). Modeling bronchial clearance in the lungs of
       healthy subjects and smokers. Computational and Mathematical
       Biology 6, 2.

[38]   Sturm, R., Hofmann, W., Scheuch, G., Sommerer, K., Camner, P.,
       Svartengren, M. (2002). Particle clearance in human bronchial air-
       ways: Comparison of stochastic model predictions with experimen-
       tal data. Annals of Occupational Hygiene 46 (suppl. 1), 329-333.

[39]   Sturm, R., Hofmann, W. (2003). Mechanistic interpretation of the
       slow bronchial clearance phase. Radiation Protection dosimetry 105
       (1-4), 101-104.

[40]   Sturm, R., Hofmann, W. (2003). A multi-compartment model for
       bronchial clearance of insoluble particles in the human lung.
       Proceedings of the Conference of the Austrian Physical Society,
       Salzburg, 123.

[41]   Sturm, R., Hofmann, W. (2004). Extension of the ICRP human
       respiratory tract model: implementation of slow bronchial clearance
       mechanisms. Proceedings of the IRPA Conference, Volume 11,
       Madrid, 1-11.

[42]   Sturm, R., Winkler-Heil, R., Hofmann, W. (2005). An advanced stochastic model for mucociliary particle clearance in cystic fibrosis lungs. Journal of Aerosol Medicine 18 (2), 98.

[43]   Sturm, R, Hofmann, W. (2006). A multi-compartment model for slow bronchial clearance of insoluble particles—extension of the ICRP human respiratory tract models. Radiation Protection Dosimetry 118, 384-394.

[44]   Sturm, R., Hofmann, W. (2007): A theoretical approach to the clearance of micrometer-sized nonspherical particles. Proceedings of the EAC 2007, Salzburg, 1207.

[45]   Sturm, R., Hofmann, W. (2009). A theoretical approach to the deposition and clearance of fibers with variable size in the human respiratory. Journal of Hazardous Materials 170, 210-218.

[46]   Sturm, R., Hofmann, W. (2009). Modellrechnungen zur Deposition nicht-sphärischer Teilchen in den oberen Luftwegen der menschlichen Lunge. Zeitschrift für Medizinische Physik 19, 38-46.

[47]   Sturm, R., Hofmann, W. (2009). A compartment model for the simulation of fiber-cell interaction in the alveolar region of the human respiratory tract. Proceedings of the EAC 2009, Karlsruhe, 722.

[48]   Winkler-Heil, R., Sturm, R., Hofmann, W. (2001). Calculation of therapeutic aerosol deposition in cystic fibrosis patients. Journal of Aerosol Medicine 14, 414.

[49]   Scheuch, G., Stahlhofen, W., Heyder, J. (1996). An approach to deposition and clearance measurements in human airways. Journal of Aerosol Medicine 9, 35-41.

[50]   Stahlhofen, W., Gebhart, J., Rudolf, G., Scheuch, G. (1986). Measurement of lung clearance with pulses of radioactivity-labelled aerosols. Journal of Aerosol Science 17, 330-336.

[51]   Stahlhofen, W., Koebrich, R., Rudolf, G., Scheuch, G. (1990). Short-term and long-term clearance of particles from the upper human respiratory tract as a function of particle size. Journal of Aerosol Science 21 (S1), S407-410.

[52]   Gehr, P., Im Hof, V., Geiser, M., Schürch, S. (1991). The fate of particles deposited in the intrapulmonary Conducting airways. Journal of Aerosol Medicine 4, 349-361.

[53]   Sturm, R, Hofmann, W. (2007). Stochastic modeling predictions for the clearance of insoluble particles from the tracheobronchial tree of the human lung. Bulletin of Mathematical Biology 69, 395-415.

[54]   Svartengren, M, Svartengren, K, Europe, E, Falk, R, Hofmann, W, Sturm, R, Philipson, K, Camner, P. (2004). Long-term clearance from small airways in patients with chronic bronchitis: experimental and theoretical data. Experimental Lung Research 30, 333-353.

[55]   Sturm, R. (2014). Aerosol bolus dispersion in healthy and asthmatic children—theoretical and experimental results. Annals of Translational Medicine 2, 5.

[56]   Sturm, R. (2014). Aerosol bolus inhalation as technique for the diagnosis of various lung diseases – a theoretical approach. Computational and Mathematical Biology 3, 2.

[57]   Sturm, R. (2014). Modeling the delay of mucous flow at the carinal ridges of the human tracheobronchial tree. Computational and Mathematical Biology 3, 6.

[58]   Sturm, R. (2017). Theoretical diagnosis of emphysema by aerosol bolus inhalation. Annals of Translational Medicine 5, 154.

[59]   Sturm, R., Hofmann, W. (2003). Simulation of emphysema in the human lung and its effect on alveolar particle deposition. Journal of Aerosol Medicine 16, 234.

[60]   Wolff, R. K. (1992). Mucociliary Function. In: Parent, R. (Ed.), Comparative Biology of the Normal Lung, New York, CRC Press, pp. 659-680.

[61]   Oberdörster, G. (1988). Lung clearance of inhaled insoluble and soluble particles. Journal of Aerosol Medicine 1, 289-330.

[62]   Sturm, R., Hofmann, W. (2004). A Monte Carlo model for transepithelial clearance of insoluble ultrafine particles in bronchial airways of the human lung. Journal of Aerosol Science 35 (S1), 635-636.

[63]   Sturm, R, Hofmann, W. (2005). 3D-Visualization of particle deposition patterns in the human lung generated by Monte Carlo modeling: methodology and applications. Computers in Biology and Medicine 35, 41-56.

[64]   Sturm, R. Winkler-Heil, R., Hofmann, W. (2005). An advanced stochastic model for particle deposition in cystic fibrosis lungs. Journal of Aerosol Medicine 18, 146.

[65]   Sturm, R., Hofmann, W. (2007). Modelling slow bronchial clearance in CF patients and heavy smokers. Journal of Aerosol Medicine, 20, 141.

[66]   Sturm, R. (2017). Carbon nanotubes in the human respiratory tract – Clearance modeling. Annals of Work Exposure and Health 61, 226-236.

[67]   Sturm, R. (2008). Mathematical models of particle deposition and bronchial clearance in the human respiratory tract – a review. In: Wilson, L. B. (Ed.), Mathematical Biology Research Trends, New York, Nova Science Publishers, pp. 193-215.

[68]   Sturm, R. (2014). Deposition of Carbon Nanotubes in Human Alveoli- A Theoretical Approach for Risk Assessment. SOP Transactions of Nano-technology 1, 21-31.

[69]   Sturm, R. (2014). Simulation of nanotube deposition in the human respiratory tract. SOP Transactions of Nano-technology 1, 8-20.

[70]   Sturm, R., Hofmann, W. (2009). Hit probability of lung-cancer-sensitive epithelial cells by asbestos fibers with different aspect ratios. Proceedings of the EAC 2009, Karlsruhe, 723.

[71]   Sturm, R. (2014). Theoretical deposition of nanotubes in the respiratory tract of children and adults. Annals of Translational Medicine 2, 6.

[72]   Sturm, R. (2015). Nanotubes in the human respiratory tract–Deposition modeling. Zeitschrift für medizinische Physik 25, 135-145.

[73]   Sturm, R. (2016). Total deposition of ultrafine particles in the lungs of healthy men and women: experimental and theoretical results. Annals of Translational Medicine 4, 234.

[74]   Raabe, O. G., Yeh, H. C., Schum. G. M., Phalen, R. F. (1976). Tracheobronchial geometry: Human, dog, rat, hamster — A compilation of selected data from the project respiratory tract deposition models. Report LF-53. Albuquerque, Lovelace Foundation.

[75]   Haefeli-Bleuer, B., Weibel, E. R. (1988). Morphology of the human pulmonary acinus. Anatomical Records 220, 401-414.

[76]   IARC. (1989). Diesel and gasoline engine exhausts and some nitroarenes. IARC Monographs on the Evaluation of Carcinogenic Risk and Chemicals to Humans, vol. 46. Lyon, IARC.

[77]   IPCS. (1996). Environmental Health Criteria No. 171. Diesel Fuel and Exhaust Emissions. International Programme on Chemical Safety.

[78]   Bhatia, R., Lopipero, P., Smith, A. H. (1998). Diesel exhaust exposure and lung cancer. Epidemiology 9, 84-91.

[79]   Cohen, A. J., Higgins, M. W. P. (1995). Health effects of diesel exhaust: Epidemiology. In: Health Effects Institute (Ed.), Diesel Exhaust. A Critical Analysis of Emissions, Exposure, and Health Effects, Cambridge, Health Effects Institute, pp. 251-292.

[80]   NTP. (2000). Report on Carcinogens Background Document for Diesel Exhaust Particulates. Research Triangle Park, National Toxicology Program.

[81]   Phalen, R. F., Oldham, M. J., Beaucage, C. B., Crocker, T. T., Mortensen, J. D. (1985). Postnatal enlargement of human tracheobronchial airways and implications for particle deposition. Anatomical Records 212, 368-380.

[82]   Menache, M., Hofmann, W., Asgharian, B., Miller, F. J. (2008). Airway geometry models of children's lungs for use in dosimetry modeling. Inhalation Toxicology 20, 101-126.

[83]   Weibel, E. R. (1963). Morphometry of the human lung. New York, Academic Press.

[84]   Sturm, R. (2011). Stochastic modeling of particle deposition in lungs of cystic fibrosis patients. ISRN Pulmonology 2011, 1-11.

[85]   Pawlak, E., Sturm, R., Hofmann, W. (2003). Modeling aerosol bolus dispersion in healthy subjects and COPD patients. Proceedings of the Conference of the Austrian Physical Society, Salzburg, 154.

[86]   Pawlak, E., Sturm, R., Hofmann, W. (2003). Stochastic simulation of aerosol bolus dispersion in healthy subjects and COPD patients. Journal of Aerosol Medicine 16, 235.

[87]   Pawlak, E., Sturm, R., Hofmann, W. (2003). Effect of inhomogeneous lung ventilation on particle deposition in healthy subjects and COPD patients. Journal of Aerosol Medicine 16, 235.

[88]   Pawlak, E., Sturm, R., Hofmann, W. (2003). Effect of asymmetric and asynchronous lung ventilation on axial bolus dispersion and particle deposition for aerosol bolus inhalation. Journal of Aerosol Science 34 (S2), 1412-1413.

[89]   Pawlak, E., Sturm, R., Hofmann, W. (2004). Modelling regional deposition of ultrafine particles with the aerosol bolus technique. Journal of Aerosol Science 35 (S2), 1209-1210.

[90]   Pawlak, E., Sturm, R., Hofmann, W. (2004). Modelling axial diffusion of ultrafine particles in the human lung. Journal of Aerosol Science 35 (S2), 1207-1208.

[91]   Sturm, R., Hofmann, W. (2004). Stochastic simulation of alveolar particle deposition in lungs affected by different types of emphysema. Journal of Aerosol Medicine 17, 357-372.

[92]   Sturm, R., Pawlak, E., Hofmann, W. (2007). Monte-Carlo-Modell der Aerosolbolusdispersion in der menschlichen Lunge–Teil 2: Modellvorhersagen für die kranke Lunge. Zeitschrift für medizinische Physik 17, 136-143.

[93]   Sturm, R., Pawlak, E., Hofmann, W. (2007). Monte-Carlo-Modell der Aerosolbolusdispersion in der menschlichen Lunge–Teil 1: Theoretische Modellbeschreibung und Anwendung. Zeitschrift für Medizinische Physik 17, 127-135.

[94]   Koblinger, L., Hofmann, W. (1985). Analysis of human lung morphometric data for stochastic aerosol deposition calculations. Physics in Medicine and Biology 30, 541-556.

[95]   Koblinger, L., Hofmann, W. (1990). Monte Carlo modeling of aerosol deposition in human lungs. Part I: Simulation of particle transport in a stochastic lung structure. Journal of Aerosol Science 21, 661-674.

[96]   Horsfield, K., Dart, G., Olson, D. E., Filley, G. F., Cumming, G. (1971). Models of the human bronchial tree. Journal of Applied Physiology 31, 207-217.

[97]   Taulbee, D. B., Yu, C. P. (1975). A theory of aerosol deposition in the human respiratory tract. Journal of Applied Physiology 38, 77-85.

[98]   Sturm, R. (2011). Radioactivity and lung cancer-mathematical models of radionuclide deposition in the human lungs. Journal of Thoracic Disease 3, 231-243.

[99]   Sturm, R. (2011). Theoretical predictions of radionuclide deposition in the human respiratory tract. In: Parnell, N. (ed.), Radiation exposure in medicine and the environment: risks and protective strategies, Nova Science, New York, pp. 31-56.

[100]   Sturm, R. (2014). Theoretical approach to the deposition of variably shaped particles in the lungs of children and adults. In: Epidemiology I: Theory, Research and Practice. iConcept Press, Hong Kong.

[101]   Soong, T. T., Nicolaides, P., Yu, C. P., Soong, S. C. (1979). A statistical description of the human tracheobronchial tree geometry. Respiratory Physiology 37, 161-172.

[102]   Sturm, R. (2014). Aerosol bolus inhalation in subjects with different age – a theoretical approach. Computational and Mathematical Biology 3, 7.

[103]   Sturm, R. (2016). Bioaerosols in the lungs of subjects with different ages - part 1: deposition modeling. Annals of Translational Medicine 4, 211.

[104]   Sturm, R. (2017). Bioaerosols in the lungs of subjects with different ages – Part 2: clearance modeling. Annals of Translational Medicine 5, 95.

[105]   Yeh, H. C., Schum, G. M. (1980). Models of the human lung airways and their application to inhaled particle deposition. Bulletin Mathematical Biology 42, 461-480.

[106]   Yu, C. P., Hu, J. P., Yen, B. M., Spektor, D. M., Lippmann, M. (1986). Models of mucociliary particle clearance in lung airways. In: Lee, S. D., Schneider, T., Grant, L. D., Verkerk, P. J. (Eds.), Aerosol: Research, Risk Assessment, and Control Strategies, Chelsea, Lewis, pp. 569-578.

[107]   Hofmann, W., Daschil, F. (1986). Biological variability influencing lung dosimetry for inhaled ^{222}Rn and ^{220}Rn. Health Physics 50, 345-367.

[108]   Yu, C. P., Diu, C. K. (1982). A comparative study of aerosol deposition in different lung models. American Industrial Hygiene Association Journal 43, 54-65.

[109]   Yu, C. P., Diu, C. K. (1982). A probabilistic model for intersubject deposition variability of inhaled particles. Aerosol Science and Technology 1, 335-362.

[110]   Kleinstreuer, C., Zhang, Z. (2010). Airflow and Particle Transport in the Human Respiratory System. AnnualReviews of Fluid Mechanics 42, 301-334.

[111]   Sturm, R., Hofmann, W. (2007). A stochastic model for the deposition of nonspherical particles in the human respiratory tract. Proceedings of the EAC 2007, Salzburg, 1205.

[112] Sturm, R., Hofmann, W. (2007). Geometric vs. Aerodynamic diameter – modelling bronchial clearance of insoluble particles with various diameters and specific weights. Journal of Aerosol Medicine 20, 198.

[113] Sturm, R, Hofmann, W. (2006). Stochastisches Modell zur räumlichen Visualisierung von Teilchendepositionsmustern in der Lunge und ihre Bedeutung in der Lungenmedizin. Zeitschrift für Medizinische Physik 16, 140-147.

[114] Sturm, R. (2011). Bioaerosole–was wir alles einatmen. Biologie in unserer Zeit 41, 256-261.

[115] Sturm, R. (2011). Bioaerosole—Mikroskopisch kleine tierische und pflanzliche Schwebepartikel in der Atmosphäre. Mikrokosmos 100, 329-334.

[116] Sturm, R. (2014). Mikroskopie biogener Partikel aus der Umgebungsluft. Mikroskopie 1, 103-109.

[117] Sturm, R. (2015). Spatial visualization of theoretical nanoparticle deposition in the human respiratory tract. Annals of Translational Medicine 3, 326.

[118] Sturm, R. (2015). A computer model for the simulation of nanoparticle deposition in the alveolar structures of the human lungs. Annals of Translational Medicine 3, 281.

[119] Sturm, R. (2016). Inhaled nanoparticles. Physics Today 69, 70-71.

[120] Hofmann, W., Bolt, L., Sturm, R., Fleming, J. S., Conway, J. H. (2005). Simulation of three-dimensional particle deposition patterns in human lungs and comparison with experimental SPECT data. Aerosol Science and Technology 39, 771-781.

[121] Hofmann, W., Pawlak, E., Sturm, R. (2008). Semi-empirical stochastic model of aerosol bolus dispersion in the human lung. Inhalation Toxicology 20, 1059-1073.

[122] Sturm, R. (2011). Theoretical and experimental approaches to the deposition and clearance of ultrafine carcinogens in the human respiratory tract. Thoracic Cancer 2, 61-68.

[123] Sturm, R. (2016). Local lung deposition of ultrafine particles in healthy adults: experimental results and theoretical predictions. Annals of Translational Medicine 4, 420.

[124] Sturm, R. (2016). Deposition of ultrafine particles with various shapes in the human alveoli – a model approach. Computational and Mathematical Biology 5, 4.

[125] Sturm, R. (2017). Lung deposition of particle aggregates generated with a random walk model. Computational and Mathematical Biology 6, 1.

[126] Goldberger, A. L., West, B. J. (1988). Fractal in physiology and medicine. Yale Journal of Biological Medicine 60, 421-426.

[127] West, B. J., Goldberger, A. L. (1987). Physiology in fractal dimensions. American Scientist 75 ,354-361.

[128] Hinds, W. C. (1999). Aerosol Technology: Properties, Behavior, and Measurement of Airborne Particles. New York, John Wiley.

[129] IARC. (2002). Man-made vitreous fibers. IARC monographs on the evaluation of carcinogenic risks to humans, vol. 81. Lyon, IARC Press.

[130] Su, W. C., Cheng, Y. S. (2006). Deposition of fiber in a human airway replica. Journal of Aerosol Science 37, 1429-1441.

[131] Willeke, K., Baron, P. A. (1993). Aerosol measurement. New York, John Wiley.

[132] Baron, P. A., Willeke, K. (2001). Gas and particle motion. In: Baron, P. A., Willeke, K. (Eds.), Aerosol Measurement: Principles, Techniques, and Applications, New York, John Wiley, pp. 61–97.

[133] Dai, Y. T., Yu, C. P. (1998). Alveolar deposition of fibers in rodents and humans. Journal of Aerosol Medicine 11, 247-258.

[134] Sturm, R., Hofmann, W. (2007). Deposition of polydisperse fibers in the human respiratory tract: comparison between theoretical predictions and experimental data. Proceedings of the EAC 2007, Salzburg, 1206.

[135] Sturm, R., Hofmann, W. (2006). A computer program for the simulation of fiber deposition in the human respiratory tract. Computers in Biology and Medicine 36, 1252-1267.

[136] McMurry, P. H. (2000). A review of atmospheric aerosol measurements. Atmospheric Environment 34, 1959-1999.

[137] Tu, K. W., Knutson, E. O. (1984). Total deposition of ultrafine hydrophobic and hygroscopic aerosols in the human respiratory system. Aerosol Science and Technology 3, 453-465.

[138] Heyder, J., Gebhart, J., Rudolf, G., Schiller, C. F., Stahlhofen, W. (1986). Deposition of particles in the human respiratory tract in the size range 0.005–15 mm. Journal of Aerosol Science 17, 811-825.

[139] Schiller, C. F., Gebhart, J., Heyder, .J, Rudolf, G., Stahlhofen, W. (1988). Deposition of monodisperse insoluble aerosol particles in the 0.005 to 0.2 µm size range within the human respiratory tract. Annals of Occupational Hygiene 32, 41-49.

[140] Jaques, P. A., Kim, C. S. (2000). Measurement of total lung deposition of inhaled ultrafine particles in healthy men and women. Inhalation Toxicology 12,715-731.

[141] Morawska, L., Hofmann, W., Hitchins-Loveday, J., Swanson, Ch., Mengerson, K. (2005). Experimental study of the deposition of combustion aerosols in the human respiratory tract. Journal of Aerosol Science 36, 939-957.

[142] Löndahl, J., Massling, A., Swietlicki, E., Vaclavik Bräuner, E., Ketzel, M., Pagels, J., Loft, S. (2009). Experimentally determined human respiratory tract deposition of airborne particles at a busy street. Environmental Science and Technology 43, 4659-4664.

[143] Rissler, J., Swietlicki, E., Bengtsson, A., Boman, Ch., Pagels, J., Sandström, Th., Blomberg, A., Löndahl, J. (2012). Experimental determination of deposition of diesel exhaust particles in the human respiratory tract. Journal of Aerosol Science 48, 18-33.

[144] Kim, C. S., Jaques, P. A. (2004). Analysis of total respiratory deposition of inhaled ultrafine particles in adult subjects at various breathing patterns. Aerosol Science and Technology 38, 525-540.

[145] Sturm, R. (2014). Kohlenstoffnanoröhren - Ein mikroskopischer Werkstoff mit besonderen Eigenschaften. Mikrokosmos 103, 316-319.

[146] Donaldson, K., Aitken, R., Tran, L., Stone, V., Duffin, R., Forrest, G., Alexander, A. (2006). Carbon nanotubes: a review of their properties in relation to pulmonary toxicology and workplace safety. Toxicological Sciences 92, 5-22.

[147] Jortner, J., Rao, C. N. R. (2002). Nanostructured advanced materials. Perspectives and directions. Pure and Applied Chemistry 74, 1491-1506.

[148] Iijima, S. (1991). Helical microtubules of graphitic carbon. Nature 354, 56-58.

[149] Kroto, H. W., Heath, J. R., O'Brian, S. C., Curl, R. F., Smalley, R. E. (1985). C60: Buckminsterfullerene. Nature 318, 162-163.

[150] Maynard, A. D., Baron, P. A., Foley, M., Shvedova, A. A., Kisin, E. R., Castranova, V. (2004). Exposure to carbon nanotubes material: aerosol release during the handling of unrefined single walled carbon nanotube material. Journal of Toxicology and Environmental Health, Part A 67, 87-107.

[151] Maynard, A. D. (2006). Safe handling of nanotechnology. Nature 444, 267-269.

[152] Maynard, A. D. (2007). Nanotechnology: The next big thing, or much ado about nothing? Annals of Occupational Hygiene 51, 1-12.

[153] Hofman, S., Kleinsorge, B., Ducati, C., Robertson, J. (2003). Controlled low-temperature growth of carbon nanofibres by plasma deposition. New Journal of Physics 5, 153.1–153.13.

[154] Sturm, R., Hofmann, W. (2009). Modelling dynamic shape factors and lung deposition of small particle aggregates originating from combustion processes. Proceedings of the EAC 2009, Karlsruhe, 724.

[155] DeCarlo, P. F., Slowik, J. G., Worsnop, D. R., Davidovits, P., Jimenez, J. L. (2004). Particle morphology and density characterization by com-

bined mobility and aerodynamic diameter measurements. Aerosol Science and Technology 38, 1185-1205.

[156] Slowik, J., Stainken, K., Davidovits, P., Williams, L. R., Jayne, J. T., Kolb, C. E., Worsnop, D. R., Rudich, Y., DeCarlo, P., Jimenez, J. (2004). Particle morphology and density characterization by combined mobility and aerodynamic diameter measurements. Part 2: application to combustion generated soot particles as a function of fuel equivalence ratio. Aerosol Science and Technology 38 (12), 1206-1222.

[157] Van Gulijk, C., Marijnissen, J. C. M., Makkee, M., Moulijn, J. A., Schmidt-Ott, A. (2004). Measuring diesel soot with a scanning mobility particle sizer and an electrical low-pressure impactor: performance assessment with a model for fractal-like agglomerates. Journal of Aerosol Science 35, 633-655.

[158] Bakand, S., Hayes, A., Dechsakulthorn, F. (2012). Nanoparticles: a review of particle toxicology following inhalation exposure. Inhalation Toxicology 24, 125-135.

[159] Mauderly, J. L., Snipes, M. B., Barr, E. B., Belinsky, S. A., Bond, J. A., Brooks, A. L., Chang, I. Y., Cheng, Y. S., Gillett, N. A., Griffith, W. C. (1994). Pulmonary toxicity of inhaled diesel exhaust and carbon black in chronically exposed rats. Part 1: Neoplastic and nonneoplastic lung lesions. Research Report, Health Effects Institute.

[160] Warheit, D. B., Laurence, B. R., Reed, K. L., Roach, D. H., Reynolds, G. A. M., Webb, T. R. (2004). Comparative pulmonary toxicity assessment of single-wall carbon nanotubes in rats. Toxicological Sciences 77, 117-125.

[161] Karagianes, M. T., Palmer, R. F., Busch, R. H. (1981). Effects of inhaled diesel emissions and coal dust in rats. American Industrial Hygiene Association Journal 42, 382-391.

[162] Poland, C. A., Duffin, R., Kinloch, I., Maynard, A., Wallace, W. A. H., Seaton, A., Stone, V., Brown, S., MacNee, W., Donaldson, K. (2008). Carbon nanotubes introduced into the abdominal cavity of mice show asbestos-like pathogenicity in a pilot study. Nature Nanotechnology 3, 423-428.

[163] Duffin, R., Clouter, A., Brown, D., Tran, C. L., MacNee, W., Stone, V., Donaldson, K. (2002). The importance of surface area and specific reactivity in the acute pulmonary inflammatory response to particles. Annals of Occupational Hygiene. 46 (S1), 242-245.

[164] Johnston, C. J., Finkelstein, J. N., Mercer, P., Corson, N., Gelein, R., Oberdörster, G. (2000). Pulmonary effects induced by ultrafine PTFE particles. Toxicology and Applied Pharmacology 1, 208-215.

[165] Faux, S. P., Tran, C. L., Miller, B. G., Jones, A. D., Monteiller, C., Donaldson, K. (2003). In vitro determinants of particulate toxicity:

the dose metric for poorly soluble dusts. Research Report 154. Norwich, HSE Books.

[166] Tran, C. L., Buchanan, D., Cullen, R. T., Searl, A., Jones, A. D., Donaldson, K. (2000). Inhalation of poorly soluble particles II. Influence of particle surface area on inflammation and clearance. Inhalation Toxicology 12, 1113-1126.

[167] Fubini, B., Hubbard A. (2003). Reactive oxygen species (ROS) and reactive nitrogen species (RNS) generation by silica in inflammation and fibrosis. Free Radical Biology and Medicine 34, 1507-1516.

[168] Dellinger, B., Pryor, W. A., Cueto, R., Squadrito, G. L., Hedge, V., Deutsch, W. A. (2001). Role of free radicals in the toxicity of airborne fine particulate matter. Chemical Research in Toxicology 14, 1371-1377.

[169] Gilmour, P. S., Ziesenis, A., Morrison, E. R., Vickers, M. A., Drost, E. M., Ford, I., Karg, E., Mossa, C., Schroeppel, A., Ferron, G. A., Heyder, J., Greaves, M., MacNee, W., Donaldson, K. (2004). Pulmonary and systemic effects of shirt-term inhalation exposure to ultrafine carbon black particles. Toxicology and Applied Pharmacology 195, 35-44.

[170] Butterweck, G., Vezzu, G., Schuler, C. H., Müller, R., March, J. W., Birchall, A. (2001). In vivo measurement of unattached radon progeny deposited in the human respiratory tract. Radiation Protection Dosimetry 94, 247-250.

[171] Oberdörster, G., Sharp, Z., Atudorei, V., Elder, A., Gelein, R., Kreyling, W., Cox, C. (2004). Translocation of inhaled ultrafine particles to the brain. Inhalation Toxicology 16, 437-445.

[172] Oberdörster, G., Maynard, A., Donaldson, K., Castranova, V., Fitzpatrick,J., Ausman, K., Carter, J., Karn, B., Kreyling, W., Lai, D., Olin, S., Monteiro-Riviere, N., Warheit, D., Yang, H. (2005). Principles for characterizing the potential human health effects from exposure to nanomaterials: elements of a screening strategy. Particle and Fibre Toxicology 2, 8.

[173] Behrens, I., Pena, A. I., Alonso, M. J., Kissel, T. (2002). Comparative uptake studies of bioadhesive and non-bioadhesive nanoparticles in human intestinal cell lines and rats: the effect of mucus on particle adsorption and transport. Pharmaceutical Research 19, 1185-1193.

[174] Hodgson, J. T., Jones, J. R., Elliott, R. C., Osman, J. (1993). Self-reported work-related illness. Research paper 33. Sudbury, HSE.

[175] Health & Safety Executive (HSE). (2000). MDHS 14/3 General methods for sampling and gravimetric analysis of respirable and total inhalable dusts. Sudbury, HSE Books.

[176] Tinkle, S. S., Antonini, J. M., Rich, B. A., Roberts, J. R., Salmen, R., DePree, K., Adkins, E. J. (2003). Skin as a route of exposure and

sensitisation in chronic beryllium disease. Environmental Health Perspectives 11, 1202-1208.

[177] Sen, D., Wolfson, H., Dilworth, M. (2002). Lead exposure in scaffolders during refurbishment construction activity – an observational study. Occupational Medicine 52, 49-54.

[178] Warheit, D. B. (1989). Interspecies comparisons of lung responses to inhaled particles and gases. Critical Reviews in Toxicology 20, 1-29.

[179] Warheit, D. B., Hanson, J. F., Yuen, I. S. et al. (1997). Inhalation of high concentrations of low toxicity dusts in rats results in impaired pulmonary clearance mechanisms and persistent inflammation. Toxicology and Applied Pharmacology 145, 10-22.

[180] Heinrich, U., Mühle, H., Takenaka, S. et al. (1986). Chronic effects on the respiratory tract of hamsters, mice and rats after long-term inhalation of high concentrations of filtered and unfiltered diesel engine emissions. Journal of Applied Toxicology 6, 383-395.

[181] Heinrich, U., Fuhst, R., Rittinghausen, S. et al. (1995). Chronic inhalation exposure of Wistar rats and two different strains of mice to diesel engine exhaust, carbon black, and titanium dioxide. Inhalation Toxicology 7, 533-556.

[182] Nikula, K. J., Snipes, M. B., Barr, E. B., Griffith, W. C., Henderson, R. F., Mauderly, J. L. (1995). Comparative pulmonary toxicities and carcinogenicities of chronically inhaled diesel exhaust and carbon black in F344 rats. Fundamental and Applied Toxicology 25, 80-94.

[183] Driscoll, K. E., Deyo, L. C., Carter, J. M. et al. (1997). Effects of particle exposure and particle-elicited inflammatory cells on mutation in rat alveolar epithelial cells. Carcinogenesis 18, 423-430.

[184] Hodgson, J., Jones, R. (1985). A mortality study of carbon black workers employed at five United Kingdom factories between 1947-1980. Archives of Environmental Health 40, 261-268.

[185] Sorahan, T., Hamilton, L., van Tongeren, M., Gardiner, K., Harrington, J. (2001). A cohort mortality study of U. K. carbon black workers 1951-96. American Journal of Industrial Medicine 39, 158-170.

[186] Crosbie, W. (1986). Respiratory survey on carbon black workers in the U. K. and the U. S. Archives of Environmental Health 41, 346-353.

[187] Gardiner, K., Trethowan, W. N., Harrington, J. M., Calvert, I. A., Glass, D. C. (1992). Occupational exposure to carbon black in its manufacture. Annals of Occupational Hygiene 36, 477-496.

[188] Gardiner, K., Trethowan, N., Harrington, J., Rossiter, C., Clavert, I. (1993). Respiratory health effects of carbon black: A survey of European carbon black workers. British Journal of Industrial Medicine 50, 1082-1096.

[189] Gardiner, K. (1995). Effects on respiratory morbidity of occupational exposure to carbon black: A review. Archives of Environmental Health 50, 44-59.

[190] Gardiner, K., van Tongeren, M., Harrington, J. M. (2001). Respiratory health effects from exposure to carbon black: Results of the phase II and III cross-sectional studies in the European carbon black manufacturing industry. Occupational and Environmental Medicine 58, 496-503.

[191] Van Tongeren, M. J. A., Kromhout, H., Gardiner, K. (2000). Trends in levels of inhalable dust exposure, exceedance and over-exposure in the European carbon black manufacturing industry. Annals of Occupational Hygiene 44, 271-280.

[192] Kuepper, H. U., Breitstadt, R., Ulmer, W. T. (1996). Effects on the lung function of exposure to carbon black dusts – results of a study carried out on 677 members of staff of the Degussa factory in Kalscheuren/Germany. International Archives of Occupational Health 68, 478-483.

[193] Ingalls, T. (1950). Incidence of cancer in the carbon black industry. Archives of Industrial Hygiene and Occupational Medicine 1, 662-676.

[194] Ingalls, T., Risquez-Iribarren, R. (1961). Periodic search for cancer in the carbon black industry. Archives of Environmental Health 2, 439-433.

[195] Ingalls, T., Robertson, J. (1975). Morbidity and mortality from cancer in the Cabot Corporation. Unpublished report, Framingham Union Hospital, Framingham.

[196] Robertson, J., Inman, K. (1966). Mortality in carbon black workers in the U. S.; brief communication. Journal of Occupational and Environmental Medicine 38, 569-570.

[197] Robertson, J., Ingalls, T. (1980). A mortality study on carbon black workers in the U. S. from 1935-1974. Archives of Environmental Health 35, 181-186.

[198] Robertson, J., Ingalls, T. (1989). A case-control study of circulatory, malignant, and respiratory morbidity in carbon black workers in the U. S. American Industrial Hygiene Association Journal 50, 510-515.

[199] Harber, P., Muranko, H., et al. (2003). Effect of carbon black exposure on respiratory function and symptoms. Journal of Occupational and Environmental Medicine 45 (2).

[200] Baumgard, K. J., Johnson, J. H. (1996). The effect of Fuel and Engine Design on Diesel Exhaust Particle Size Distributions. SAE Technical Paper Series no. 960131. Warrendale, Society of Automotive Engineers.

[201] Boffetta, P., Silverman, D. T. (2001). A meta-analysis of bladder cancer and diesel exhaust exposure. Epidemiology 12, 125-130.

[202] Boffetta, P. (2004). Risk of acute myeloid leukemia after exposure to diesel exhaust: A review of the epidemiologic evidence. Journal of Occupational and Environmental Medicine 46, 1076-1083.

[203] Brightwell, J., Fouillet, X., Cassano-Zoppi, A. L., Bernstein, D., Crawley, F., Duchosal, F., Gatz, R., Perczel, S., Pfeifer, H. (1989). Tumours of the respiratory tract in rats and hamsters following chronic inhalation of engine exhaust emissions. Journal of Applied Toxicology 9, 23-31.

[204] Brüske-Hohlfeld, I., Möhner, M., Pohlabeln, H. et al. (2000). Occupational lung cancer risk for men in Germany: Results from a pooled case-control study. American Journal of Epidemiology 151, 384-395.

[205] Dolan, D. F., Kittelson, D. B., Pui, D. Y. H. (1980). Diesel Exhaust Particle Size Distribution Measurement Techniques. SAE Technical Paper Series no. 870254. Warrendale, Society of Automotive Engineers.

[206] Dutcher, J. S., Sun, J. D., Lopez, J. A. (1984). Generation and characterization of radiolabeled diesel exhaust. American Industrial Hygiene Association Journal 45, 491-498.

[207] EPA. (2002). Health Assessment Document for Diesel Engine Exhaust. U.S. Environmental Protection Agency.

[208] Garshick, E., Laden, F., Hart, J. E., Rosner, B., Smith, T. J., Dockery, D. W., Speizer, F. E. (2004). Lung cancer in railroad workers exposed to diesel exhaust. Environmental Health Perspectives 112, 1539-1543.

[209] Garshick, E., Laden, F., Hart, J. E., Smith, T. J., Rosner, B. (2006). Smoking imputation and lung cancer in railroad workers exposed to diesel exhaust. American Journal of Industrial Medicine 49, 709-718.

[210] Garshick, E., Laden, F., Hart, J. E., Rosner, B., Davis, M. E., Eisen, E. A., Smith, T. J. (2008). Lung cancer and vehicle exhaust in trucking industry workers. Environmental Health Perspectives 116, 1327-1332.

[211] Groves, J., Cain, J. R. (2000). A survey of exposure to diesel engine exhaust emissions in the workplace. Annals of Occupational Hygiene 44, 435-447.

[212] Gustavsson, P., Jakobsson, R., Nyberg, F., Pershagen, G., Järup, L., Schéele, P. (2000). Occupational exposure and lung cancer risk: A population-based case-referent study in Sweden. American Journal of Epidemiology 152, 32-40.

[213] Järvholm, B., Silverman, D. (2003). Lung cancer in heavy equipment operators and truck drivers with diesel exhaust exposure in the construction industry. Occupational and Environmental Medicine 60, 516-520.

[214] Laden, F., Hart, J. E., Eschenroeder, A., Smith, T. J., Garshick, E. (2006). Historical estimation of diesel exhaust exposure in a cohort study of

U.S. railroad workers and lung cancer. Cancer Causes Control 17, 911-919.

[215] Lassiter, D. V., Milby, T. H. (1978). Health Effects of Diesel Exhaust Emission: A Comprehensive Literature Review, Evaluation and Research Gaps Analysis. U.S. NTIS PB-282-795. Washington, American Mining Congress.

[216] Neumeyer-Gromen, A., Razum, O., Kersten, N., Seidler, A., Zeeb, H. (2009). Diesel motor emissions and lung cancer mortality—results of the second follow-up of a cohort study in potash miners. International Journal of Cancer 124, 1900-1906.

[217] Nielsen, P. S., Andreassen, A., Farmer, P. B., Ovrebø, S., Autrup, H. (1996). Biomonitoring of diesel exhaust-exposed workers. DNA and hemoglobin adducts and urinary 1-hydroxypyrene as markers of exposure. Toxicological Letters 86, 27-37.

[218] Parent, M. E., Rousseau, M. C., Boffetta, P., Cohen, A., Siemiatycki, J. (2007). Exposure to diesel and gasoline engine emissions and the risk of lung cancer. American Journal of Epidemiology 165, 53-62.

[219] Pierson, W. R., Brachaczek, W. W. (1983). Particulate matter associated with vehicles on the road II. Aerosol Science and Technology 2, 1-40.

[220] Pronk, A., Coble, J., Stewart, P. A. (2009). Occupational exposure to diesel engine exhaust: A literature review. Journal of Exposure Science and Environmental Epidemiology 19, 443-457.

[221] National Research Council (NRC). (1982). Diesel cars: benefits, risks, and public policy. Final report of the diesel impacts study committee, assembly of engineering, National Research Council. Washington, National Academy Press.

[222] Tokiwa, H., Ohnishi, Y. (1986). Mutagenicity and carcinogenicity of nitroarenes and their sources in the environment. Critical Reviews in Toxicology 17, 23-60.

[223] International Program on Chemical Safety (IPCS). (1996). Environmental health criteria no. 171. Diesel fuel and exhaust emissions. Washington, IPCS.

[224] Williams, R. L., Milne, J. W., Roberts, D. B. K. (1989). Particle emission from "in use" motor vehicles–II. Diesel vehicles. Atmosphere and Environment 23, 2647-2661.

[225] Dutcher, J. S., Sun, J. D., Lopez, J. A. (1984). Generation and characterization of radiolabeled diesel exhaust. American Industrial Hygiene Association Journal 45, 491-498.

[226] Kishi, Y., Tohno, H., Ara, M. (1992). Characteristics and combustibility of particulate matter. Reducing emissions from diesel combustion. Warrendale, Society of Automotive Engineers.

[227] Bagchi, N. J., Zimmerman, R. E. (1980). An industrial hygiene evaluation of chimney sweeping. American Industrial Hygiene Association Journal 41, 297-299.

[228] Knecht, U., Bolm-Audorff, U., Woitowitz, H.-J. (1989). Atmospheric concentrations of polycyclic aromatic hydrocarbons during chimney sweeping. British Journal of Industrial Medicine 46, 479-482.

[229] Letzel, S., Schaller, K. H., Elliehausen, H.-J. et al. (1999). Study on the internal exposure of chimney sweeps to hazardous substances. Occupational Hygiene 5, 59-71.

[230] Wrbitzky, R., Beyer, B., Thoma, H. et al. (2001). Internal exposure to polychlorinated dibenzo-p-dioxins and polychlorinated dibenzofurans (PCDDs/PCDFs) of Bavarian chimney sweeps. Archives of Environmental Contamination and Toxicology 40, 136-140.

[231] Henry, S. A. (1937). The study of fatal cases of cancer of the scrotum from 1911 to 1935 in relation to occupation, with special reference to chimney sweeping and cotton mule spinning. The American Journal of Cancer 31, 28-57.

[232] Fuchs, N. A. (1964). The Mechanics of Aerosols. New York, Pergamon Press.

[233] Cheng, Y. S. (1991). Drag forces on nonspherical aerosol-particles. Chemical Engineering Communications 108, 201-223.

[234] Jeffery, G. B. (1922). The motion of ellipsoidal particles immersed in a viscous fluid. Proceedings of the Royal Society ofLondon 102, 161-179.

[235] Finlay, W. H. (2001). The mechanics of inhaled pharmaceutical aerosols. London, Academic Press.

[236] Hochrainer, D., Hänel, G. (1975). Der dynamische Formfaktor nichtkugelförmiger Teilchen als Funktion des Luftdrucks. Journal of Aerosol Science 6, 97-103.

[237] Kousaka, Y., Endo, Y., Ichitsubo, H., Alonso, M. (1996). Orientation-specific dynamic shape factors for doublets and triplets of spheres in the transition regime. Aerosol Science and Technology 24, 36-44.

[238] Kops, J. A. M. M., Dibbets, G., Hermans, L., Van de Vate, J. F. (1975). The aerodynamic diameter of branched chain-like aggregates. Journal of Aerosol Science 6, 329-330.

[239] Kasper, G. (1982). Dynamics and measurement of smokes. 1. Size characterization of nonspherical particles. Aerosol Science and Technology 1 (2), 187-199.

[240] Kasper, G. (1982). Dynamics and Measurement of Smokes. 2. The Aerodynamic Diameter of Chain Aggregates in the Transition Regime. Aerosol Science and Technology 1 (2): 201-215.

[241] Stöber, W. (1972). Dynamic shape factors of nonspherical aerosol particles. In: Mercer, T. T., Morrow, P, E, Stöber, W. (Eds.), Assessment of airborne particles; fundamentals, applications, and implications to inhalation toxicity, Springfield, Thomas, pp. xix, 540.

[242] Allen, M. D., Moss, O. R., Briant, J. K. (1979). Dynamic shape factors for LMFBR mixed-oxide fuel aggregates. Journal of Aerosol Science 10 (1), 43-48.

[243] Ehara, K., Shin, S. (1998). Measurement of density distribution of aerosol particles by successive classification of particles according to their mass and diameter, Journal of Aerosol Science 29 (S1), 19-20.

[244] Högberg, S. M. (2010). Modeling nanofiber transport and deposition in human airways. Ph.D. dissertation, Department of Applied Physics and Mechanical Engineering, Technical University of Lulea, Lulea, Sweden.

[245] Asgharian, B., Anjilvel, S. (1995). The effect of fiber inertia on its orientation in a shear flow with application to lung dosimetry. Aerosol Science and Technology 23, 282-290.

[246] Emets, E. P., Kascheev, V. A., Poluektov, P. P. (1992). A new technique for the determination of the density of airborne particulate matter. Journal of Aerosol Science 23 (1), 27-35.

[247] Baron, P. A., Sorensen, C. M., Brockmann, J. E. (2001). Nonspherical particle measurements: shape factors, fractals, and fibers. In: Baron, P. A., Willeke, K. (Eds.), Aerosol Measurement: Principles, Techniques, and Applications, New York, John Wiley, pp. 705–749.

[248] Allen, M. D., Raabe, O. G. (1982). Re-evaluation of Millikan oil drop data for the motion of small particles in Air. Journal of Aerosol Science 13, 537-547.

[249] Allen, M. D., Raabe, O. G. (1985). Slip correction measurements of spherical solid aerosol-particles in an improved Millikan apparatus. Aerosol Science and Technology 4, 269-286.

[250] Rader, D. J. (1990). Momentum slip correction factor for small particles in common gases. Journal of Aerosol Science 21, 161-168.

[251] Dahneke, B. (1973). Slip correction factors for nonspherical bodies–I Introduction and continuum flow. Journal of Aerosol Science 4, 139-145.

[252] Dahneke, B. (1973). Slip correction factors for nonspherical bodies–II Free molecular flow. Journal of Aerosol Science 4, 147-161.

[253] Dahneke, B. (1973). Slip correction factors for nonspherical bodies—III The form of the general law. Journal of Aerosol Science 4, 163-170.

[254] Jimenez, J. L., Bahreini, R., Cocker, D. R., Zhuang, H., Varutbangkul, V., Flagan, R. C., Seinfeld, J. H., O'Dowd, C. D., Hoffmann, T. (2003). New particle formation from photooxidation of diiodomethane (CH2I2). Journal of Geophysical Research–Atmosphere 108 (D10), 4318.

[255] McMurry, P. H., Wang, X., Park, K., Ehara, K. (2002). The relationship between mass and mobility for atmospheric particles: A new technique for measuring particle density. Aerosol Science and Technology 36 (2), 227-238.

[256] Jayne, J. T., Leard, D. C., Zhang, X. F., Davidovits, P., Smith, K. A., Kolb, C. E., Worsnop, D. R. (2000). Development of an aerosol mass spectrometer for size and composition analysis of submicron particles. Aerosol Science and Technology 33 (1–2), 49-70.

[257] Hand, J. L., Kreidenweis, S. M., Kreisberg, N., Hering, S., Stolzenburg, M., Dick, W., McMurry, P.H. (2002). Comparisons of aerosol properties measured by impactors and light scattering from individual particles: refractive index, number and volume concentrations, and size distributions. Atmosphere and Environment 36 (11), 1853-1861.

[258] Khlystov, A., Stanier, C., Pandis, S. N. (2004). An algorithm for combining electrical mobility and aerodynamic size distributions data when measuring ambient aerosol. Aerosol Science and Technology 38 (S1), 229-238.

[259] Kelly, W. P., McMurry, P. H. (1992). Measurement of particle density by inertial classification of differential mobility analyzer generated monodisperse aerosols. Aerosol Science and Technology 17 (3), 199-212.

[260] Stein, S. W., Turpin, B. J., Cai, X. P., Huang, C. P. F., McMurray, P. H. (1994). Measurements of relative humidity-dependent bounce and density for atmospheric particles using the DMA-impactor technique. Atmosphere and Environment 28 (10), 1739-1746.

[261] Friedlander, S. K. (2000). Smoke, dust, and haze: fundamentals of aerosol dynamics. New York, Oxford University Press.

[262] Friedlander, S. K., Pui, D. Y. H. (2004). Emerging issues in nanoparticle aerosol. Journal of Nanoparticle Research 6 (2), 313-320.

[263] Katrinak, K. A., Rez, P., Perkes, P. R., Buseck, P. R. (1993). Fractal geometry of carbonaceous aggregates from an urban aerosol. Environmental Science and Technology 27 (3), 539-547.

[264] Koylu, U. O., Faeth, G. M. (1992). Structure of overfire soot in buoyant turbulent-diffusion flames at long residence times. Combustion Flame 89 (2), 140-156.

[265] Park, K., Cao, F., Kittelson, D. B., McMurry, P. H. (2003). Relationship between particle mass and mobility for diesel exhaust particles. Environmental Science and Technology 37 (3), 577-583.

[266] Schmidt-Ott, A. (1988). In situ measurement of the fractal dimensionality of ultrafine aerosol-particles. Applied Physics Letters 52 (12), 954-956.

[267] Schmidt-Ott, A., Baltensperger, U., Gaggeler, H. W., Jost, D. T. (1990). Scaling behaviour of physical parameters describing agglomerates. Journal of Aerosol Science 21 (6), 711-717.

[268] Rogak, S. N., Flagan, R. C., Nguyen, H. V. (1993). The mobility and structure of aerosol agglomerates. Aerosol Science and Technology 18 (1), 25-47.

[269] Wang, G. M., Sorensen, C. M. (1999). Diffusive mobility of fractal aggregates over the entire Knudsen number range. Physical Reviews E 60 (3), 3036-3044.

[270] Wang, H. C., John, W. (1987). Particle density correction for the aerodynamic particle sizer. Aerosol Science and Technology 6 (2), 191-198.

[271] Baron, P. A., Mazumder, M. K., Cheng, Y. S. (2001). Direct-reading techniques using particle motion and optical detection. In: Baron, P. A., Willeke, K. (Eds.), Aerosol Measurement: Principles, Techniques, and Applications, New York, John Wiley, pp. 495–536.

[272] Balásházy, I., Farkas, A., Szöke, I., Hofmann, W., Sturm, R. (2003). Simulation of deposition and clearance of inhaled particles in central human. Radiation Protection Dosimetry 105 (1-4), 129-132.

[273] Hiemenz, P. C., Rajagopalan, R. (1997). Principles of Colloid and Surface Chemistry, 3rd Ed. New York, Marcel Dekker.

[274] Holmberg, K. (2002). Handbook of applied surface and colloid chemistry. London, John Wiley & Sons.

[275] Fan, F. G., Ahmadi, G. (2000). Wall deposition of small ellipsoids from turbulent air flows: a Brownian dynamics simulation. Journal of Aerosol Science 31, 1205-1229.

[276] Goldstein, H., Poole, Ch., Safko, J. (2000). Classical mechanics. San Francisco, Addison-Wesley.

[277] Higham, D. J. (2001). An Algorithmic Introduction to Numerical Simulation of Stochastic Differential Equations. SIAM Reviews 43, 525-546.

[278] Kloeden, P. E., Platen, E. (1999). Numerical Solution of Stochastic Differential Equations. Berlin, Springer-Verlag.

[279] Rapaport, D. C. (1997). The art of molecular dynamics simulation. Cambridge, Cambridge University Press.

[280] Aitken, R. J., Creely, K. S., Tran, C. L. (2004). Nanoparticles: An occupational hygiene review. Research Report 274. Norwich, HSE Books.

[281] Sturm, R. (2010). Theoretical models for dynamic shape factors and lung deposition of small particle aggregates originating from combustion processes. Zeitschrift für medizinische Physik 20, 226-234.

[282] Kiss, L. B., Pacheo, L. I., Robbie, K. (2007). Nanomaterials and nanoparticles: Sources and toxicity. Biointerphases 2, MR17-MR71.

[283] Hayashi, C., Ureda, R., Tasaki, A. (1997). Ultra-fine particles: exploratory science and technology (1997). New York, Noyes Publications.

[284] Royal Society and Royal Academy of Engineering (2004). Nanoscience and nanotechnologies: opportunities and uncertainties. London, The Royal Society and the Royal Academy of Engineering.

[285] Jortner, J. Rao, C. N. R. (2002). Nanostructured advanced materials. Perspectives and directions. Pure and Applied Chemistry 74, 1491-1506.

[286] Fahlmann, B. D. (2007). Materials Chemistry. Berlin, New York, Springer.

[287] Green M, Allsop N, Wakefiled G, Dobson PJ, Hutchison JL. (2002). Ti-alkylphosphine oxide / amine stabilised silver nanocrystals – the importance of steric factors and Lewis basicity incapping agents. Journal of Materials Chemistry 12, 2671-2674.

[288] Ying, J. Y. (2001). Nanostructured Materials. London, Academic Press.

[289] Park, K., Kittelson, D. B., Zachariah, M. R., McMurry, P. H. (2004). Measurement of inherent material density of nanoparticle Agglomerates. Journal of Nanoparticle Research 6, 267-272.

[290] Reiss, G., Hutten, A. (2010). Magnetic nanoparticles. In: Sattler, K. D. (Ed.), Handbook of Nanophysics: Nanoparticles and Quantum Dots, New York, CRC Press, pp. 2-11.

[291] Khan, F. A. (2012). Biotechnology Fundamentals. New York, CRC Press.

[292] Faraday, M. (1857). Experimental relations of gold (and other metals) to light. Philosophical Transactions of the Royal Society of London 147, 145-181.

[293] Turner, T. (1908). Transparent Silver and Other Metallic Films. Proceedings of the Royal Society A 81, 301-310.

[294] Rao, C. N. R. (editor). (2004). New developments of nanomaterials. Journal of Materials Chemistry. Volume 4.

[295] Singh, C., Shaffer, M. S. P., Windle, A. H. (2003). Production of controlled architectures of aligned carbon nanotubes by an injection chemical vapour deposition method. Carbon 41, 359-368.

[296] Colomer, J. F., Stephan, C., Lefrant, S., Van Tendeloo, G., Willems, I., Konya, Z., Fonseca, A., Laurent, Ch., Nagy, J. B. (2000). Large-Scale Synthesis of Single-Wall Carbon Nanotubes by Catalytic Chemical Vapor Deposition (CCVD) Method. Chemical Physics Letters 317, 83-89.

[297] Ebbesen, T. W., Ajayan, P. M. (1992). Large-Scale Synthesis of Carbon Nanotubes. Nature 358, 220-222.

[298] Van Zant, S. (2000). Microchip fabrication. A practical guide to semiconductor processing. London, McGraw Hill book company.

[299] Brust, M., Walker, M., Bethell, D., Schiffrin, D. J., Whyman, R. (1994). Synthesis of Thiol Derivatised Gold Nanoparticles in a Two-Phase Liquid/Liquid System. Journal of the Chemical Society, Chemical Communications, 801-802.

[300] Brust, M., Fink, J., Bethell, D., Schiffrin, D. J., Kiely, C. (1995). Synthesis and Reactions of Functionalised Gold Nanoparticles. Journal of the Chemical Society, Chemical Communications, 1655-1656.

[301] Cannon, W. R., Danforth, S. C. D., Fint, J. H., Haggerty, J. S., Marra, R. A. (1982). Sinterable ceramic powders from laser-driven reactions. Journal of the American Ceramic Society, 324-335.

[302] Fryzek, J. P., Chadda, B., Marano, D., White, K., Schweitzer, S., McLaughlin, J. K., Blot, W. J. (2003). A cohort mortality study among titanium dioxide manufacturing workers in the United States. Journal of Occupational and Environmental Medicine 45, 400-409.

[303] Kuhlbusch, T., Neumann, S., Ewald, M., Hufmann, H., Fissan, H. (2001). Final report on characterisation of fine airborne particles at carbon black working places in industry. Scientific Advisory Group of the International Carbon Black Association.

[304] Majima, T., Miyahara, T., Haneda, K., Ishii, T., Takami, M. (1994). Preparation of Iron ultrafine particles by the dielectric breakdown of $Fe(CO)_5$ using a transversely excited atmospheric CO_2 laser and their characteristics. Japanese Journal of Applied Physics 33, 4759-4763.